走过挫折坎坷 体会幸福快乐

自我勉励抵达七彩人生

主编 拾　月
编著 马志阳

图书在版编目（C I P）数据

走过挫折坎坷，体会幸福快乐：自我勉励抵达七彩人生 / 马志阳编著. -- 北京：现代出版社，2014.7（2024.12重印）
ISBN 978-7-5143-2792-2

Ⅰ.①走… Ⅱ.①马… Ⅲ.①人生哲学－青少年读物
Ⅳ.①B821-49

中国版本图书馆 CIP 数据核字(2014)第 163045 号

走过挫折坎坷，体会幸福快乐：自我勉励抵达七彩人生

主　　编	拾　月
编　　著	马志阳
责任编辑	王敬一
内文制作	诚美天下文化传播有限公司
出版发行	现代出版社
地　　址	北京朝阳区安外安华里 504 号
邮　　编	100011
电　　话	（010）64267325
传　　真	（010）64245264
邮　　箱	xiandai@cnpitc.com.cn
网　　址	www.1980xd.com
印　　刷	唐山富达印务有限公司
开　　本	700mmx1000mm　1/16
印　　张	9
版　　次	2014 年 8 月第 1 版　2024 年 12 月第 4 次印刷
书　　号	ISBN 978-7-5143-2792-2
定　　价	57.00 元

前言

青少年是社会最宝贵的财富，是人类的希望和未来，正所谓“少年强则国强”。为此，大至一个国家、一个民族，小至一个家庭、一个家族，都特别重视青少年的教育问题。希望他们成为社会的中坚，家族的骄傲。一句话，就是希望他们成为成功的人。于国，能成为有用的人才；于家，能成为顶梁柱。不仅仅要学习好，还要有辨别人世间的善、恶、美、丑的能力。在每个人的人生中，除了需要自身的因素之外，还需要拥有感受世界的能力。

自立、自强，是绝不服输的勇往直前，是毫不妥协命运的坚决。

自尊、自爱，是顶天立地的脊梁，是不容侵犯的尊严。

自警、自谦，是内心深处的自省，是人生旅途中的字字箴言。

自乐、自勉，是快乐的源泉，是前行的无穷动力。

自信、自知，是对自我最准确的定位，是对自我感知最真实的反馈。

青春，是人最美好的一段时光，也是人格、性格定型的重要阶段，在这个时期，我们需要享受青春的快乐，同时也需要完成自我塑造。通过心理自助，最终从一个小男生、小女生逐渐成长为一个有着健全人格的人，成长为一个对社会、对家庭、对自我有着相对完整认知的人，成长为能够为自己的未来做主的人。这才是一个最充实、最有价值的青春。每个梦想都值得我们认真对待，每个青少年都是未来的希望。在青春中我们不仅要有欢乐，同时也要拥有未来！

本丛书是你化解烦恼的“心灵鸡汤”，可以给你快乐的心理自助；本丛书会让你认识到：掌控心理，方能掌控世界；改变自己，才能改变一切。本丛书还将告诉你：只有实现积极的心理自助，才能收获快乐而充实的青春。

目录

第一篇 端正心态，心态魔方贵在自勉

第二篇 心境豁达，从容面对旅途的丛丛荆棘

第三篇 接受现实，幸福就是对自己的积极认同

目录

第四篇 远离自卑，对自己说“我能行”

第五篇 相信自己，不让天才的火花一闪即逝

第一篇

端正心态，心态魔方贵在自勉

古人把人的理想称为“志”。有志，就是有理想；立志，就是树立理想。理想作为人生的精神支柱，使人们对未来充满希望，对现实充满信心，“高山仰止，景行行止，虽不能至，心向往之”。因此，做人一定要胸怀大志，经常“心向往之”，并为之奋斗不息。

宋代诗人苏轼有言：“古之成大事者，不惟有超世之才，亦有坚忍不拔之志。”法国科学家巴斯德在写给妹妹的信中说：“立志是一件很重要的事情。工作随着志向走，成功随着工作来，这是一定的规律。立志、工作、成功，是人类活动的三大要素。立志是事业的大门，工作是登堂入室的旅程，这旅程的尽头就有个成功在等待着，来祝贺你的努力结果。”

想成事，先立志

故事话题

南朝的江淹，字文通，宋州济阳考城（今河南省商丘市民权县程庄镇）人，他年轻的时候，就成为鼎鼎有名的文学家，他的诗和文章在当时获得极高的评价。可是，当他年纪渐渐大了以后，他的文章不但没有以前写得好了，而且退步不少。他的诗写出来平淡无奇，而且提笔沉吟好久，依旧写不出一个字来；偶尔灵感来了，诗写出来了，但文句枯涩，内容平淡得一无可取。于是有人传说，有一次江淹乘船停在禅灵寺的河边，梦见一个自称叫张景阳的人，向他讨还一匹绸缎，他就从怀中掏出几尺绸缎还他。因此，他的文章以后便不精彩了。又有人传说，有一次江淹在冶亭中睡午觉，梦见一个自称郭璞的人，走到他的身边，向他索笔，对他说："文通兄，我有一支笔在你那儿已经很久了，应该可以还给我了吧！"江淹听了，就顺手从怀里取出一支五色笔来还他。据说从此以后，江淹就文思枯竭，再也写不出什么好的文章了。

故事解析

为什么要做人先立志？因为我们立定志向以后，人生的方向就很清楚，凡是跟这个方向没多大关系的，我们就可以把它放下，我们就不去做，这样我们进步就快，成功也快。如果人生没有一个目标、没有一个方向，往往像只无头苍蝇，每天遇到很多人、很多事、很多的机遇，不知道如何去抉择，所以东搞搞西搞搞，搞来搞去，到最后，看起来好像样样都没有什么成就，甚至有很多人抱怨说这一生过下来，或者是过了大半辈子，都不知道干了些什么。

"生活好比旅行，志向是旅行的路线，失去了路线，只好停止前进了。"人生最重要的一件事情就是立志。"人无志不立"，准备起步的人生贵在立志，已经起步的人生贵在力行。一个人有了对伟大目标追求的志向，就奠定了事业成功的基础，获得了创造生活的动力；一个人能够实实在在地力行，就奏响了自己的命运交响曲，就能在岁月的记忆中，留下每个日子的光彩。

故事穿越

秦朝末年，各地人民纷纷举行起义，反抗秦朝的暴虐统治，义军的领袖最著名的是陈胜、吴广。另有项羽和刘邦领导的义军，项羽破釜沉舟的故事流传至今。

有一年，秦国的三十万人马包围了赵国巨鹿（今河北省平乡县），赵王连夜向楚怀王求救。楚怀王派宋义为上将军，项羽为次将，带领二十万人马去救赵国。谁知宋义听说秦军势力强大，走到半路就停了下来，不再前进。军中没有粮食，士兵用蔬菜和杂豆煮了当饭吃，他也不管，只顾自己举行宴会，大吃大喝。这可把项羽的肺气炸了。他杀了宋义，自己当了“假上将军”，带着部队去救赵国。

项羽先派出一支部队，切断了秦军运粮的道路；他亲自率领主力过漳河，解救巨鹿。楚军全部渡过漳河以后，项羽让士兵们饱饱地吃了一顿饭，每人再带三天干粮，然后传下命令：把渡河的船（古代称舟）凿穿沉入河里，把做饭用的锅（古代称釜）砸个粉碎，把附近的房屋放把火统统烧毁。这就叫破釜沉舟。项羽用这个办法来表示他有进无退、一定要夺取胜利的决心。

楚军士兵见主帅的决心这么大，就谁也不打算再活着回去。在项羽的亲自指挥下，他们以一当十，以十当百，拼死一样向秦军冲杀过去，经过连续九次冲锋，把秦军打得大败。秦军的几个主将，有的被杀，有的当了俘虏，有的投降。这一仗不但解了巨鹿之围，而且把秦军打得再也振作不起来，过了两年，秦朝就灭亡了。

打这以后，项羽当上了真正的上将军，其他许多支军队都归他统率，他的威名传遍了天下。

故事微语

由古至今，立志成才的故事数不胜数。明代画家王冕，少年时放牛，

立志要把荷花活灵活现，栩栩如生地画出来。他不分昼夜地绘画，立志不移，后来成为当时著名的画家；司马迁写《史记》时，遭到李陵之祸株连，但他矢志不渝，忍辱负重，身受腐刑，幽而发愤，经过十余年的努力，终于写成著作——《史记》；晋代书法家王献之练字，用尽了18缸水，终于成为一代书法大师……他们都是从小立志，向自己的目标不断努力、拼搏，经过许许多多的阻拦却坚持志向，获得成功。

清代蒲松龄说过：“有志者事竟成，破釜沉舟，百二秦关终属楚；苦心人，天不负，三千越甲可吞吴。”是啊，只要我们给自己一个志向，每当要放弃时，就会充满希望，继续拼搏，相信自己一定能成功，相反，如果一个人没有志向，或是有志向却不努力，他的人生将会是怎样？

我们生活中，这样的人也不少见。有些人无志向，整天混时间，过一天是一天，从未想过明天要做什么，今天还有哪些事没做完。这些人可以说是不懂得珍惜时间、珍惜美好青春的人，只有长大后才能体会到岳飞那句“莫等闲，白了少年头，空悲切”的悔悟。

如果说人生是一条路，终点是成功。如果你不立志，就算走再多的路也会迷茫而不知成功在何处。立志并不是普普通通地进行幻想，里面还有目标和憧憬，有了它们，人就会为了实现自己所立的志向去奋斗、拼搏，终会走上通往成功殿堂的那条路。

时代是变化的，但“有志者事竟成”这句真理是不变的。

心灵箴言

雄心壮志是茫茫黑夜中的北半星。

——[美] 勃朗宁

一个人如果胸无大志，即使再有壮丽的举动也称不上是伟人。

——[法] 拉罗什夫科

没有雄心壮志的人，他们的生活缺乏伟大的动力，自然不能盼望他们会有杰出的成就。

——华罗庚

朝着一定目标走去是“志”，一鼓作气中途决不停止是“气”，两者合起来就是志气，一切事业的成败者取决于此。

——[美] 卡耐基

淡泊名利，从容人生

故事话题

有一对穷困潦倒的兄弟，家徒四壁，他们买不起床，只有一张长凳，每天晚上便挤在长凳上睡觉。

一个偶然的日子里，一个禅师从此处路过，他实在不忍心使两位兄弟继续如此窘迫，就悄悄地对他们说道：“过了后山，再翻越一座高山，便是太阳山。你们可以到那里挖一些金子回来，但必须赶在太阳升起以前下山，否则一旦太阳升起，你们就有可能被晒死。”兄弟俩十分高兴，急忙向禅师致谢：“谢谢您，我们一定能够在太阳升起之前下山的。”

第二天，兄弟俩早早起床，每人拿着一个袋子向太阳山奔去。一到达太阳山，他们就迫不及待地往袋子里装金子。弟弟边装边对哥哥说：“如果这里的金子全归我们所有，就太好了！”过了一会儿，哥哥对弟弟催促道：“太阳就要升起来了，我们赶快下山吧！”弟弟却不肯，望着满山的黄金，他早已把禅师的教诲置于九霄云外。哥哥只好径自下山。

下山后，哥哥用自己所挖到的一点儿黄金做起了小买卖，几年之后，便发了大财，并娶了一个漂亮的媳妇儿，一家人过得甜甜美美。可怜的弟弟却永远留在了太阳山上。当弟弟发现太阳已经升起，正要准备下山之时，整座山开始融化，就这样，他被炙热的太阳融化了。

故事解析

利欲之心人皆有之，生亦我所欲，义亦我所欲。所欲有甚于生者或义者，也是一件无可厚非的事情，但必须适时自控，不可把一切看得太重。一旦接近极限的时候，就要及时抽身，跳出这个圈子，只有不为利欲之争而舍弃一切，才能避免坠入自挖的坟墓之中。

古人说：“知足常乐。”孟子说：“养心莫善于寡欲”，“其为人也寡欲，虽不存焉者寡矣；其为人也多欲，虽有存焉者寡矣。”他的话“欲少则仁心存，欲多则仁心亡”也恰如其分地说明了欲与仁之间的关系。自古以来，仕途多起伏不定，动荡不安，因此，身在官场纷争之中的古人时刻提醒自己要保持一种淡化利欲之心的境界，对于现代人而言，更应如此。毕竟只有淡化利欲之心，才能得到一切。

古人曰：“求名之心过盛必作伪，利欲之心过剩则偏执。”在某种程度上，虽然欲望能够促进个人发展，但过于强烈的欲望却会酿成痛苦与不幸。因此，我们应该克制自己过高的欲望，只有保持知足常乐的心境，才能品味到无穷无尽的乐趣；只有培养清心寡欲的态度，才能置身于平和自由的境界。

故事穿越

一代才子钱钟书出生在江南名城无锡。钱钟书周岁“抓周”时，第一下就抓住一本书不放，伯父为他起名“钟书”。这个名字倒真地验证了钱钟书一生都嗜书如命的脾性。

钱钟书有着非凡的记忆力，被人叹称为“照相机式的记忆力”。他看过的即使是晦涩生僻的古籍，都能准确无误地复述，有时甚至一字不差。更让人称奇的是，他的记忆力到了七八十岁的高龄也不曾衰退，1979年访问美国时，他常常对提及的学术内容倒背如流，把“耶鲁大学在场的老外都吓坏了”。过目不忘的天分和深厚的艺术修养，使他成为个性独特的小说家。他的《围城》充满了机智、幽默，蕴含着深邃的讽刺，让人在浅笑中感悟深刻的哲思，回味无尽。他在《围城》里说，结婚犹如被围困的城堡，城外的人想冲进去，城里的人想逃出来，这智慧的比喻，不仅对婚姻，也是对事业、理想、金钱等人世种种的凝练概括。

“文革”时期，钱钟书凭着超人的记忆力、达观的人生态度和孜孜以求的刻苦精神完成了学术著作《管锥编》。“管锥”喻意“以管窥天，以锥指地”。这部鸿篇巨制，可称是中国古典文化在20世纪的最高结晶之一，其广博的思想和浩瀚的内容使人震撼。达观直率、淡泊名利的品质凝聚成钱钟书荣辱不惊的人格魅力。“文革”中，这位二十几岁便名扬四方的“文化昆仑”，竟被指派在一名女清洁工的监督下打扫厕所，他却能一直幽默乐观地生活，即使在惨无人道的批判面前，也有自己的应对方式。电视剧《围城》热播后，钱钟书的新作旧著，被争先恐后地推向市场。面对这种火爆，钱钟书始终保持静默。对所谓的“钱学”热，他认为“吹捧多于研究”，“由于吹捧，人物可成厌物”。

有人希望用钱促使他接受采访，他却说：“我都姓了一辈子钱了，难道还迷信钱吗？”一个著名的外国记者慕名想见他，他回话说：“假如你吃了一个鸡蛋觉得还不错，又何必要去认识那只下蛋的母鸡呢？”钱钟书认为作家的使命就是要抵制任何诱惑，要有一支善于表达自己思想的笔，要有铁肩膀，概括起来说就是头脑、笔和骨气。

故事微语

一个人只有对名利看淡了，对人生才能看清，才能从从容容走完人生。淡泊名利是一种不被欲望所控制的思想，是一种超越世俗的境界，从容处世，淡泊名利，也是事业成功、学业有成不可忽视的法则。

淡泊不是不思进取，不是无所作为，不是没有追求，而是以一颗纯净的灵魂对待生活与人生的欲望和诱惑。因此，淡泊是一种修养，一种气质，一种境界。

有人说“物来则应，物去则空，心如止水，了无滞碍”，即是一个人抖落一身欲望后呈现出的平和心态。淡泊名利可以放飞人的心灵，可以还原人的本性。它能让人在在顺境中不怡然自得，身处逆境时也不枉自菲薄，一切都悉由自然。因为真正淡泊名利的人懂得：不能够恬淡寡欲就不能明确志向，不能够平和安静就不能实现远大目标。

想要成功从一定意义上来讲并不难，就一般情况而言，你多得一份功名利禄，就会少得一份轻松悠闲，而一切名利，都会像过眼云烟，终究会逝去。人生最重要的是拥有一个温馨的家，脚下踩着一片坚实的土地。

心灵箴言

淡泊以明志，宁静而致远。

——诸葛亮

欲淡则心虚，心虚则气清，气清则理明。

——薛宣《读书录》

我们每个人在内心深处都觉得，对于生命持一种无忧无虑的淡泊态度，将抵偿他自身的一切缺点。

——[美] 威廉·詹姆斯

贪财，权欲和虚荣心，弄得人痛苦不堪，这是大众意识的三根台柱，无论何时何地，它们都支撑着毫不动摇的庸人世界。

——[苏联] 艾特到托夫

放下烦恼，做想做的自己

故事话题

汉德·泰莱是纽约曼哈顿区的一个神父。有一天，教区医院里一个病人生命垂危，他被请过去主持临终前的忏悔。他到医院后听到了这样一段话：“仁慈的上帝！我喜欢唱歌，音乐是我的生命，我的愿望是唱遍美国。作为一名黑人，我实现了这个愿望，我没有什么要忏悔的。现在我只想说，感谢您，您让我愉快地度过了一生，并让我用歌声养活了我的6个孩子。现在我的生命就要结束了，但死而无憾。仁慈的神父，现在我只想请您转告我的孩子，让他们做自己喜欢做的事吧，他们的父亲是会为他们骄傲的。”

一个流浪歌手，临终时能说出这样的话，让泰莱神父感到非常吃惊，因为这名黑人歌手的所有家当，就是一把吉他。他的工作是每到一处，把头上的帽子放在地上，开始唱歌。40年来，他如痴如醉，用他苍凉的西部歌曲，感染他的听众，从而换取那份他应得的报酬。

黑人的话让神父想起5年前曾主持过的一次临终忏悔。那是个富翁，住在里士本区，他的忏悔竟然和这个黑人流浪汉差不多。他对神父说：“我喜欢赛车，我从小研究它们、改进它们、经营它们，一辈子都没离开过它们。这种爱好与工作难分、闲暇与兴趣结合的生活，让我非常满意，并且从中赚了大笔的钱，我没有什么要忏悔的。”

白天的经历和对那个富翁的回忆，让泰莱神父陷入思索。当晚，他给报社写了一封信，信里写道：“人应该怎样度过自己的一生才不会留下悔恨呢？我想也许做到两条就够了。第一条，做自己喜欢做的事；第二条，想办法从中赚到钱。”

故事解析

人生之初就很孤独，我们希望得到同伴儿，希望得到别人的关注和认可。我们拼命努力证明自己。可是，这是一个漫长而艰辛的过程，不是每个人都能走到最后。总有人想走捷径，有些人想吸引别人的目光，于是就有了“伪娘刘著”、“芙蓉姐姐”这类人。有的人发现财富和权力能引来别人的羡慕，于是他们致力于追逐名利，并乐此不疲。有些人看到前面“成功”的例子，便随波逐流。他们渐渐偏离了对人生最初的追求，却沾沾自喜。他们不知道，有些事是没有捷径的。

《西游记》里，唐僧要去西天取经。孙悟空说：“我一个跟头十万八千里，到西天，不过一盏茶的工夫。”可是，唐僧拒绝了。虽然一路历尽艰险，但是如果没有遇上白骨精，没有进过盘丝洞，又怎知世间险恶？没有住过高老庄，没有下过龙王庙，又怎知人间冷暖？人性的怯懦如何除去，人性中的恶性又如何摆脱？至性如何养成，高僧如何修炼，倘若没有这一路的艰难险阻，又怎可获得？

张艺谋拍《山楂树之恋》，他说：“我希望你们能在这个浮躁的社会中找回最质朴的感动。”社会的浮躁，不是一两个人的原因，我们能做的，只是无论世事怎样变迁，还能坚持对人生最初的追求。

刘若英在录制一档节目的时候对她的好朋友兼主持人侯佩岑说了这样一段话：“我第一次来录你节目的时候，就觉得这个女生好可爱，好有气质，这么多年过去了，你还是一样。我希望今后无论发生什么，你还是能做最真实的自己。”她这样说，也这样做了，所以在娱乐圈这么多年，依旧给人一种清新的感觉。

故事穿越

一天，有人找到一个会移山大法的大师，恳求他当众表演一下。大师在一座山的对面坐了一会儿，就起身跑到山的另一面，然后就表演完毕，众人大惑不解。大师道：这世上根本就没有移山大法，唯一能够移动山的

方法就是：山不过来，我就过去。

是的，使自己真正快乐的东西就是做自己不会后悔的事，就是挖一口属于自己的井。

清代名画家高桐轩是一个高寿的人，之所以高寿，就因为他有以下“十乐”：

一是耕耘之乐：伏案一日，把锄半天，既享田家之乐，又能健壮身体；既不忘耕耘之劳，又有秋收丰食之望，何乐不为。

二是把扫之乐：把帚扫地，洗桌净几，弓身举手之劳，则尘垢顿去；地净窗明，精神一快，乐趣即寓其中。

三是教子之乐：教子学诗文书画，能以之自立，使己无忧于后，岂不快乐。

四是知足之乐：生为画匠，远非大富大贵，然而比己困苦者又何止千百。以此遐想，即安贫乐道，实乃一乐。

五是安居之乐：迁新居，邻里忠厚淳朴，言行诚实，相处和睦，实为人生一大乐。

六是畅谈之乐：田间把锄，歇于地头，纵谈世外事，或测天气晴雨，或卜年景丰歉，袒胸畅谈，其乐陶陶。

七是漫步之乐：作画时久则倦，或散步于庭中，或漫步于柳岸花畴，心神焕然爽朗，襟怀为之一畅。

八是沐浴之乐：常浴怡人，遍体轻爽，活动经脉，有健身心，实乃一乐。

九是高卧之乐：炎暑伏天，竹枕蒲席，北窗高卧，养精蓄锐，为笔耕作画者之乐事。

十是晒背之乐：冬日倚墙，取日晒之，通身暖暖，冷之顿消，既活血脉又强筋骨，其乐不可不知。

故事微语

我们要做使自己真正快乐的事，就不会有后悔的想法，因为我们所做的每一件事都是自己所愿意的。做使自己快乐的事，并不是说一定要做到轰轰烈烈，而是要活出自己，要做到今生无悔。

不可否认，无论是十乐或是十六乐，都是使你快乐的东西，无一不是做了真正的自己。可见，做真正的自己，做真正自己所喜欢的事，才是最为快乐的。

有人要问，快乐是什么？其实，快乐是一种心理感受。要不要快乐由你自己决定。快乐是健康的金钥匙，懂得快乐、善于快乐实在是一种智慧、一种气度、一种气魄。

只要我们拥有一颗快乐的心，什么事情都是值得快乐的。

其实，世间许多事物本身并没有很大的差别，最为关键的地方就是我们是怎么做的，是不是按照自己的想法去做了？是否在这件事上做了真正的自己。19 世纪德国哲学家叔本华说："人们不受事物影响，却受到事物对看法的影响。"我们想真正快乐，就要不受事物的影响，要受自己的影响，因此人才会快乐。

心灵箴言

我是自己的主人。

——[丹麦] 吉勒鲁普

有勇气做真正的自己，单独屹立，不要想做别人。

——林语堂

我们自己的命运掌握在自己的手中，没有人可以主宰我们自己的命运。真实的自己就是想要自己主宰自己的命运，不想自己的命运被别人控制着，自己做自己生命的主宰，把握自己的命运。

——佚名

真实的自己就是想去拼一拼，想去博一博，想要靠自己的实力、自己的努力换取自己应该得到的东西，事情往往是说起来容易做起来难，可是还是不会向命运低头，还是会坚强地走下去，因为我们还年轻，年轻就是本钱，相信自己吧，大胆而又勇敢地走下去，不要回头，做最真实的自己。

——佚名

永远不要怀有侥幸的心理

故事话题

一家高级轿车代理商的总经理，决定从两个业务主管中选出一个来接替他。于是他找来两个候选人，说出他的目的后，布置一项任务，来评估谁会比较合适成为他的继承者。

老总布置的任务很简单，他说德国原厂 50 辆最新款的轿车就要运抵，他想给这两个业务主管 3 个月的时间，看谁卖得最多，谁就任销售部总经理。

老总特别向他们强调一点，原厂告知，这款车有一个电子零件有瑕疵，瑕疵概率只占 50%，但因为这个瑕疵不会影响到行车及安全性，所以原厂没有计划主动召回车子。若瑕疵现象真的发生了，则零件要等 3 个月后，才能运抵并帮客人换修。

两个候选人都相当有信心，因为根据销售记录，他们两人都具有在 3 个月内卖掉 30 辆车的实力。

但最后的销售状况却出现很大的落差，因为在 3 个月竞赛期满的时候，其中一个业务主管卖出了 49 辆，另外一个却一辆也没卖出。

老总对这样的结果感到很纳闷儿，他调出过去 3 个月来这两个竞争者的销售日报表，他惊讶地发现，两人的来客数及试车数不相上下，销售量却大相径庭。好奇的老总于是央请一个朋友乔装成顾客，分别向这两个候选人买车。

经过详细的介绍，并且煞有介事地试驾这款新车后，老总的朋友很满意地对那个已卖出 49 辆的业务主管说：“请问最快何时可以交车？”“可以立刻交车。”老总的朋友说两天内决定。

第二天，老总的朋友向另一个没卖一辆车的业务主管试车后，问：“请问最快何时可以交车？”“3 个月。”“为何要这么久？”“因为此款车进量有限，我的配额刚好卖完，若您急着要车，我可以介绍您向我的同事购买，他还有最后一辆！”

老总在听完朋友的叙述后，好奇地找来那个落败的主管，问他为何要将客户往竞争对手那里推。“听说，在卖出去的49辆中，有30辆是你介绍的。为什么要这样做？”这个主管说：“从员工的角度，我有履行销售的责任，因此不能停止销售这50辆车；但从自己的角度，我无法卖一辆事先知道有瑕疵却没有零件可以更换的车子给客人，这跟我自己的原则抵触。所以在向客人介绍时，我都如实告知此瑕疵。虽然造成最后别人卖得比我多，但是如果他被您选为总经理，就表示您比较在乎业绩，不在乎诚信。从职场生涯角度看，我也应该不适合这样的企业文化。”

就在这个时候，那个卖了49辆车的业务主管走进办公室，脸色不大好看地拿出一张文件给老总，说这是德国原厂发的电子邮件，上面写着：“25件备品要再延30天才能交货。”

这个业务主管不安地对老总说：“又要延30天，我有好多客户吵着要退车！”老总问：“有几个？”业务主管说：“25个。”

25个刚好是50辆的一半，有趣的50%的侥幸概率，逃都逃不掉，50%的零件瑕疵率全部出现了。

故事解析

我们都知道，你若投 100 次的硬币，正反面的概率各是 50%。换句话说，谁都无法左右侥幸的几率，因为它最多只有 50%；但剩下的 50% 却是你可以 100%作主。

在这个故事中，卖出车的业务主管选择 50%的侥幸概率，没卖出车的业务主管没有选择侥幸概率。如果你是要买车的顾客，你会跟谁买车？如果你是老总，你会选谁当总经理？可以确定的是，没有谁愿意被那 50%的侥幸概率击中！

故事穿越

在非洲的肯尼亚的马拉河，每年 10 月份，都有上百万头的角马从 1500 千米以外的坦桑尼亚赶来，渡过这条河去寻找食物，第二年 3 月沿原路返回。角马们渡河必然会受到尼罗鳄和“非洲河王”河马的攻击。每年的 10 月和次年的 3 月，这里都会上演弱肉强食的惨剧。

有一年的 10 月，马拉河的水量骤减，有的地方还露出了河床，这可是老天赐给角马的好机会。可是，就在不少的小角马想从水浅处过河时，被老角马赶了过来，逼它们从有尼罗鳄和河马的地方过河。因为老角马知道，这马拉河水变浅的事，百年难遇，是靠不住的；角马的生存真正要靠的，仍然是不怕牺牲的一往无前的精神，不能让小角马存在侥幸心理。

故事微语

侥幸的获取只会让一个人惨痛的失去。角马放弃老天的恩赐，为的保持抗争命运的本能。我们说不是所有的“恩赐”都可以随便接受的，决不是说所有的“恩赐”都不可以接受。善意的扶危济困的救急救难的“恩

赐”，该接受时还是要接受。但我们要清楚的知道，“恩赐”不是别人的义务，更不是别人的责任，我们不能把它当成一种侥幸的存在。如果我们一有危困急难就把希望寄托在别人的“恩赐”上，十有八九是要落空的。就是不落空，“恩赐”也只能救一时的危困急难，要彻底地摆脱危困急难，还是要靠我们自己！

心灵箴言

人生在勤，不索何获。

——张衡

天才是99%的汗水，加上1%的灵感。

——[美] 爱迪生

业精于勤而荒于嬉，行成于思而毁于随。

——韩愈

勤劳一日，可得一夜安眠；勤劳一生，可得幸福长眠

——[意] 达·芬奇

不要把幸福定格在别人眼中

故事话题

传说春秋时期，越国有一个美女，名唤西施，不仅有沉鱼落雁之容，闭月羞花之貌，而且平时所做的任何一个动作，都是非常美的。因此，常有一些姑娘模仿她的衣着、装束，也常有一些人有意无意地模仿她的行为举止。有一天西施患病，心口非常痛。她出去洗衣服时，皱着眉头，用一只手捂着胸口，走在路上虽然非常难受，但是旁人看来今天的西施别有一番风姿。西施有一个邻居容貌很丑，见西施貌美，别人时常效仿西施的衣着、举止，她就常常暗地里观察，看看西施到底与别人有什么不同之处。她看到西施用手捂着胸口，皱着眉头的样子后，感觉非常美，于是她就跟着学起这个样子来。本来容貌就丑，又皱起了眉头，本来就含胸弓背，却又捂住了胸，弄得丑陋不堪，后人就把这个典故说成是"东施效颦"。唐朝王维在诗文中引用了这个典故，在《西施》中说道："持谢邻家子，效颦安可希。"于是"东施效颦"，更加广为流传。

故事解析

这个典故深刻地反映了内容与形式的关系，讽刺了那些不研究实质内容，只单纯地效仿表现形式的人。"东施效颦"中的美，主要是讲外在美。就其内容来说主要有皮肤、身段、五官长相及气质类型。这些要素是通过仪态风度、服饰、表情、言谈举止等表现出来的。外在美是一种自然美，是先天形成的，个人无法选择。一个人的皮肤、体形、五官等要素，在决定一个人容貌美与不美的时候是主要的方面，尽管一个人的服饰、化妆、表情、行动、举止在表现其形态过程中起到一定的作用，但这种作用是有限的。

“东施效颦”中的那个女子，就是不能清楚地认识到自己在容貌上与美女西施的差距，仅仅是一味地在西施的各种动作上去寻找美的因素，并加以效仿，必然找不到真正的答案而成为千古笑柄。在生活中这样的“东施”至今没有绝迹。一些通俗歌曲的歌唱演员，在演出中不是去学习港台歌手的演唱技巧、发声方法，而是一味去嗲声嗲气地去学说、学唱他们的音调，学做他们在舞台上即兴出现的某一个动作。希望生活中的“东施”千万不要再“效颦”了。

故事穿越

1960 年，哈佛大学的罗森塔尔博士曾在加州一所学校做过一个著名的实验。

新学年开始时，罗森塔尔博士让校长把 3 个教师叫进办公室，对他们说：“根据你们过去的教学表现，你们是本校最优秀的老师。因此，我们特意挑选了 100 名全校最聪明的学生组成 3 个班让你们教。这些学生的智商比其他孩子都高，希望你们能让他们取得更好的成绩。”

3 个老师都高兴地表示一定尽力。校长又叮嘱他们，对待这些孩子，要像平常一样，不要让孩子或孩子的家长知道他们是被特意挑选出来的，老师们都答应了。

一年之后，这 3 个班的学生成绩果然排在整个学区的前列。这时，校长告诉了老师们真相：“这些学生并不是刻意选出的最优秀的学生，只不过是随机抽调的最普通的学生。”老师们没想到会是这样，都认为自己的教学水平确实高。这时校长又告诉了他们另一个真相：他们也不是被特意挑选出的全校最优秀的老师，也不过是随机抽调的普通老师罢了。

这个结果正是博士所料到的：这 3 个教师都认为自己是最优秀的，并且学生是高智商的，因此对教学工作充满了信心，工作自然非常卖力，结果肯定非常好了。

故事微语

在做任何事情以前，如果能够充分肯定自我，就等于成功了一半。当你面对挑战时，你不妨告诉自己，你就是最优秀和最聪明的，那么结果肯定是另一种模样儿。

自信来自内心，而不是来自和别人的比较，和别人比较永远不可能带来真正的自信。比较的结果不是产生虚妄的优越感，就是产生强烈的自卑感。这两种感觉和真实的你无关，也和自信无关。自信是一种自我肯定，肯定自己在某些方面能够做得比较出色，而不是在所有方面都比别人好。

有的人常常因为对自己的形象、气质不满，形成自卑心理，去整容或者故意装出一种更好的形象来。其实你本来的形象可能就是最适合你的，因此也是最好的。要让别人喜欢你，就要先学会喜欢自己。真正有吸引力的形象、气质，来自人生不断的历练和通过学习不断地增加内涵，同时保持本色。

心灵箴言

各人有各人理想的乐园，有自己所乐于安享的世界，朝自己所乐于追求的方向去追求，就是你一生的道路，不必抱怨环境，也无须艳羡别人。

——[法] 罗曼·罗兰

一个人的特色就是他存在的价值，不要勉强自己去学别人，而要发挥自己的特长。这样不但自己觉得快乐，对社会人群也更容易有真正的贡献。

——[法] 罗曼·罗兰

第二篇

心境豁达，从容面对旅途的丛丛荆棘

只要我们能够以一种平和的心态对待生活中的一些琐事，就会享受到生活本来应有的快乐与幸福。凡事看得开、凡事看得透、看得远、看得准、看得淡，需要我们保持一种超然淡泊而又洞若观火的心境，不要在意小事，更不要为一些无谓的小事而烦恼。

别把时间浪费在生气上。人生在世，不应该遗忘的东西不能遗忘，但是不应该记得的东西就要把它忘得一干二净。难得糊涂，是人屡经世事沧桑之后的成熟与从容。

走出狭隘，开心过好每一天

故事话题

有一个人夜里做了一个梦，在梦中，他看到一个头戴白帽、脚穿白鞋、腰佩黑剑的壮士，向他大声斥责，并向他的脸上吐口水，吓得他从梦中惊醒过来。次日，他闷闷不乐地对朋友说："我从小到大从未受过别人的侮辱，但昨夜梦里却被人骂并吐了口水，我很不甘心，一定要找出这个人来，否则我将一死了之。"于是，他每天一早起来，便站在熙熙攘攘的十字路口寻找梦中的敌人。几个星期过去了，他仍然找不到这个人。结果，他竟自刎而死。

在科罗拉多州长山坡上，躺着一棵大树的残躯。据自然学家介绍，它曾经有过四百多年的历史。在它漫长的生命里，曾被闪电击中过十几次，它都没有被击倒，但在最后，一小队甲虫的攻击却使它永远倒在了地上。

甲虫很小，却是持续不断地攻击。众多小虫从根部向里咬，渐渐伤了树的元气。这样一棵立在森林中多年的骄傲的巨木，岁月不曾使它枯萎，电闪雷鸣不曾将它击倒，狂风暴雨不曾将它动摇，却因无法对抗的一小队用大拇指和食指就能捏死的小甲虫，终于倒了下来。

故事解析

看到上面这两个故事，你也许会嘲笑第一个故事中主人公的愚蠢，做梦乃是一件极其平常的小事，做噩梦也是常有的事，怎么能为此而放弃生命呢？可生活中就有许多人为小事抓狂，不惜与别人闹翻，甚至大打出手。

事实上，我们通常能很勇敢地面对生活中一些大的危机，可是经常被一些芝麻大的小事搞得垂头丧气。

其实我们的人生就像第二个故事中那棵身经百战的大树，成长中无数的挫折让我们日渐坚强与成熟，在经历生命中无数狂风暴雨和闪电的袭击后，都撑过来了，可是我们的生命里却有着无数“小甲虫”企图在不知不觉中击倒我们。因此，无论如何，为了你自己的健康，请你不要再为小事生气、动怒了。

故事穿越

1965 年 9 月 7 日，世界台球冠军争夺赛正在美国纽约举行。路易斯·福克斯的得分一路遥遥领先，只要再得几分便可稳拿冠军了。就在这时，他发现一只苍蝇落在主球上，他挥手将苍蝇赶走了。可是，当他俯身击球的时候，那只苍蝇又飞回来了，他起身驱赶苍蝇。但苍蝇好像是有意跟他作对，他一回到球台，它就飞回主球上来，引得周围的观众哈哈大笑。

路易斯·福克斯的情绪恶劣到了极点，终于失去理智，愤怒地用球杆去击打苍蝇，球杆碰动了主球，裁判判他击球，他因此失去了一轮机会。路易斯·福克斯方寸大乱，连连失利，而对手约翰·迪瑞则愈战愈勇，最后夺得了冠军。第二天早上，人们在河里发现了路易斯·福克斯的尸体，他投河自杀了！

一只小小的苍蝇，竟然击倒了所向无敌的世界冠军！

故事微语

人生是短暂的，为这些小事而浪费你的时间、耗费你的精力是不值得的。英国著名作家迪斯雷利曾经说过：“为小事生气的人，生命是短暂的。”如果你真正理解了这句话的深刻含义，那么你就不会再为一些不值一提的小事情而生气了。

烦由心生。其实，那么多的烦恼都是由于人的贪婪、嫉妒、虚荣等心理欲望在作怪，这种种的欲望，把本来如白纸一样纯洁的心浸染成五颜六

色。即使知道那句“生气是拿别人的错误来惩罚自己”，还是控制不了自己。其实这些烦恼虽然来无影去无踪，但是当它们主动来敲我们的房门时，我们也并非束手无策。

千万不要觉得“心里装有烦恼”才是对自己负责任，也不要认为自己一定不能退步，一定要战胜，这样只会让烦恼愈积愈深。这些小事都是试图让你不快的陷阱，千万不要上当，这些小事只想要把我们绑住，耗损我们的心力，以致无法专注其他更重要的事情。

我们不能被小事情绊住前进的脚步。生活需要你面对自己的不幸与失意，需要你在人生低谷的时候奋起，需要你在痛苦时寻找快乐，在愤怒时选择冷静，在执迷时敢于放弃，在失意时学会忘记！我们之所以能够主宰这个世界，并不是因为我们有强壮的身体，也不是因为我们有锋利的牙齿，而是因为我们有充满智慧的大脑，看开世事、不为小事烦恼的豁达心态。

心灵箴言

君子浩海之气，不胜其大，小人自满之气，不胜其小。

——佚名

海纳百川有容乃大，壁立千仞无欲则刚。

——林则徐

由来大度士，不受流俗侵。

——唐彦谦

计较多不多，不如执着好不好

故事话题

有个女大学生初入社会，找到一个不错的工作，这份工作她很喜欢，兼具挑战性和稳定性，长远看来也挺有发展潜力。她十分庆幸自己的好运，和同事混熟后，更觉得工作环境和人际关系都很不错。

一天，她和同事在聊天时，一个比她晚进公司的同事问她月薪多少，两人相比较之下，她发现自己比同事的月薪少了 1000 元。

“那个同事比我晚进公司，工作能力又没我强，月薪竟然比我高！真是太过分了！”她生气地说，从此上班也失去了原有的快乐心情。她有种被打败的感觉，就连原来因为尽全力达成目标时所带来的成就感和踏实感也不复存在了。那 1000 元夺走了她的自尊、内心的平静和自给自足的快乐。所有的事都没有改变，只因为她觉得自己比别人“少了一些”。

故事解析

在人生的旅途中，许多年轻人被短期的利益蒙蔽了双眼，看不清未来发展的道路。等到意识到问题的严重性，再奋起直追时，已经浪费和错过了最好的时机，无法赶上了。

在此，给年轻人提个建议：在你开始工作时，不要太多地考虑薪水问题。要注重工作本身给你带来的价值——发展你的技能，完善你的人格品质……

我们终日计较自己“够不够多”，就忽视了自己内心真实需要的那份快乐；相反，如果我们解开了这个结，可能会过得更轻松、更自由。

故事穿越

有一个人非常幸运地得到了一颗硕大而美丽的珍珠，然而他并不感到满足，因为在那颗珍珠上面有一个小小的斑点。他想若是能够将这个小小的斑点剔除，那么它肯定会成为世界上最珍贵的宝物。

于是，他就下狠心削去了珍珠的表层，可是斑点还在。他又削去了一层又一层，直到最后，那个斑点没有了，而珍珠也不复存在了。

那个人心痛不已，并由此一病不起。在临终前，他无比懊悔地对家人说："若当时我不去计较那个斑点，现在我的手里还会握着一颗美丽的珍珠啊。"

故事微语

我们平时斤斤计较于事情的对错、道理的多寡、感情的厚薄，在智者的眼里，这种认真却是很可笑的。

斤斤计较一开始只是为了争取个人的小利益，久而久之，当它变成一种习惯时，为利益而利益，为计较而计较，就会使人变得心胸狭隘、自私自利。

付出多少，得到多少，这是一个基本的社会规律。也许你的投入无法立刻得到回报，不要气馁，一如既往地付出，回报可能会在不经意间以出人意料的方式出现。

在职业生涯中，任何一个普通人都会想："公司和老板为我做了些什么？"而那些富有远见的人则会想："我能为公司做些什么？"大多数人认为尽自己的能力完成分配的任务，对得起自己的薪水就可以了。但是，这远远不够，要想取得成功，只有付出更多，才能获得更多。

一个人注重现实利益本身并没有错，关键是不能因此耽误了个人能力的培养，影响了自己的发展前途。要想真正快乐地工作、很好地发展，就要在现实利益与未来价值之间找到一个平衡点。

心灵箴言

成大事不在于力量的大小，而在于能坚持多久。

——[英] 约翰生

专注、热爱、全心贯注于你所期望的事物上，必有收获。

——[美] 爱默生

只要专注于某一项事业，就一定会做出使自己感到吃惊的成绩来。

——[美] 马克·吐温

只有专注在少数几件最重要的事情上，不去操心一大堆无关紧要的细节，我们才能找到幸福。只有少做一些，我们才能有更多时间享受生活。只有坚持以少赚多，我们才能圆满人生。

——佚名

善于忘记，留住永恒的欢乐

故事话题

有一次，阿里和吉伯、马沙两个朋友一起旅行。三人行至一个山谷时，马沙失足滑落，幸而吉伯拼命拉住他，才将他救起。

马沙就在附近的大石头上刻下：“某年某月某日，吉伯救了马沙一命。”三人继续走了几天，来到一处河边，吉伯与马沙为了一件小事吵起来，吉伯一气之下打了马沙一耳光，马沙就在沙滩上写下：“某年某月某日，吉伯打了马沙一耳光。”

当他们旅游回来之后，阿里好奇地问马沙，为什么要把吉伯救他的事刻在石上，将吉伯打他的事写在沙上？马沙回答：“我永远都感激吉伯救我。至于他打我的事，随着沙滩上字迹的消失，我会忘得一干二净。”

故事解析

生活中，我们总是试图抓住一些我们无法挽回的事情，这些事情对我们来讲都是包袱，它们对我们是非常不利的，我们应该甩掉它们，应该把它们打入历史的坟墓。

你对生活的感觉主要取决于你的选择与追求。对于生活，我们要抱着发现和欣赏的心态；对于包袱，我们要抱着坚决抛弃的心态。

不要因为担忧过去而错过了今天的明媚阳光以及未来更好的机会。为什么让那过失、羞耻和错误继续缠绕着你呢？难道它们不是已经很大程度上加深了你的皱纹、压歪了你的肩膀吗？难道它们不是已经带走了你的欢笑、带走了你生活中的乐趣吗？因此，我们要把它们从你的生活中赶走，把它们从你记忆的石板上抹去，并且彻底忘记。

善于忘记从另一意思上讲就是不念旧恶。日常生活中，别人对我们的帮助，千万不可忘了；反之，别人倘若有愧对我们的地方，应该乐于忘记。

故事穿越

希腊神话中有一个英雄叫海格力斯，他力大无穷，可以搬山，也可以填海，打遍天下无对手。

有一天，海格力斯因为追击敌人而走到了一条崎岖、狭窄的山道上，在他就要追到对手的时候，那个狡猾而阴险的对手忽然丢下一个袋子挡在海格力斯前进的路上。海格力斯十分恼怒，他不屑地喊："连山我也能一脚踢翻，何况你这个破袋子，收起你的伎俩吧！"海格力斯边喊，边飞起一脚狠狠踢在那个袋子上，但令海格力斯吃惊的是，自己狠狠的一脚不仅未把那个袋子踢飞，那个袋子反而变得比刚才更大了。

恼怒万分的海格力斯又狠狠飞起一脚踢在袋子上，那袋子不仅纹丝不动，而且又大了不少，甚至把海格力斯的道路一下子堵死了。海格力斯怒火万丈，他弯腰拔起身边的一棵大树，举起大树狠狠地砸向那可恶的袋子，但无论他多么用力，那袋子却始终完好无损，只是随着海格力斯一次又一次地狠砸，那个袋子变得越来越大，刚才还是一个微不足道的袋子，眨眼间却变得比山还大，甚至连大地和天空也要盛不下它了。海格力斯砸一次，袋子里总有个人洋洋得意地讥笑海格力斯："你这个笨熊，你砸呀，你砸呀，再过一会儿，我不费吹灰之力就足可压死你！"

海格力斯已经累得精疲力竭了，但那越来越大的袋子依旧完好无损，而且变得越来越坚固。正在海格力斯束手无策的时候，从树林里跑出一个白发苍苍的圣人，圣人喊："英雄，请千万别踢、别砸这个袋子了，要不，它一定会将天胀塌的，请马上住手！"

海格力斯大吃一惊，他不知道这么一个破袋子为什么竟有如此巨大的魔力。圣人告诉海格力斯："这个袋子叫仇恨袋，魔力无穷。如果你犯它，心里老记着它，它就会越来越膨胀，甚至可能将世界毁灭；如果你不理睬它，对它熟视无睹，那么它就会小如当初，连一点点的魔力也没有。"

故事微语

善于忘记是一种心理平衡。有一句名言说：“生气是用别人的过错来惩罚自己。”

老是“念念不忘”别人的“坏处”，实际上深受其害的就是自己的心灵，搞得自己痛苦不堪，何必呢？这种人，轻则自我折磨，重则就可能导致疯狂行动。

为人处世就要乐于忘记，有点儿“不念旧恶”的精神，况且在许多情况下，人们误以为“恶”的，未必就真的是“恶”。退一步说，即使是“恶”，对方心存歉意，诚惶诚恐，你不念恶，以礼相待，进而对他格外地表示亲近，也会使为“恶”者感念其诚，改“恶”从善。

最难得的是将心比心，谁没有过错呢？当我们有对不起别人的地方时，是多么渴望得到对方的谅解！是多么希望对方把这段不愉快的往事忘记！我们为什么不能用如此宽厚的理解开脱他人？

当你在工作中非常需要另一个人的帮助，而这个人曾与你有某种不和的时候，你该做些什么？显然，放弃并不是好办法，虽然不费吹灰之力便可做到，但是会使你失去一个得力伙伴。你应该做的是化敌为友。

古往今来，不计前嫌、化敌为友的佳话举不胜举。以古为鉴，可以让我们明白事理，明辨是非，把握前途。

总之，世间最珍贵的不是“得不到”和“已失去”，而是现在能把握的幸福，乐于忘记则是把握现有快乐与幸福的最佳方法。

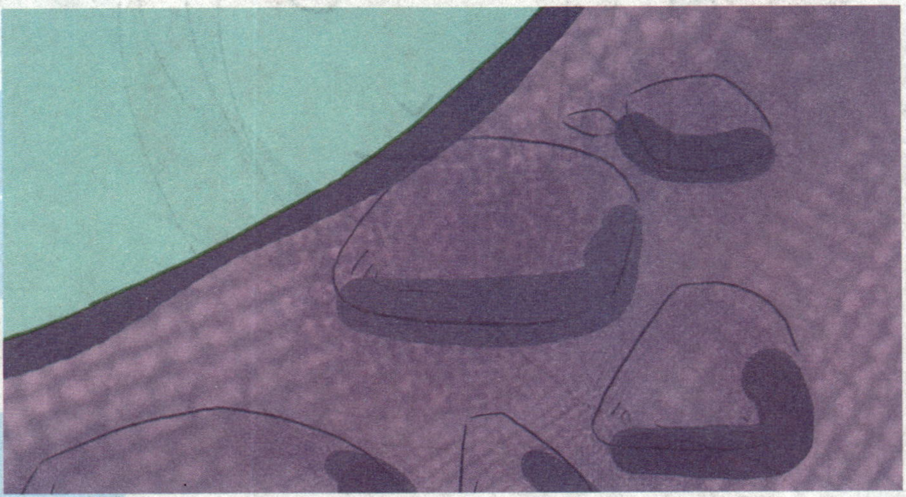

心灵箴言

若无宽恕，生命将被永无休止的仇恨和报复所控制。

——[荷兰] 阿萨吉奥利

一个人放弃报复的念头，并敢于宽恕别人的中伤，其灵魂就会显得无比坚强。

——蔡平

最好不要去翻过去那些旧账。过去的事过去就算了，要宽恕，要不念旧恶。

——[瑞典] 拉格洛孚

要求别人宽恕自己过失的人，自己也应当这样对待别人，这才是合乎情理的。

——[古罗马] 贺拉斯

服下宽容这剂“维生素”

故事话题

清朝康熙年间，安徽桐城人士张英曾担任文华殿大学士兼礼部尚书，他的家人在老家桐城修建宅院时，与邻居发生地界纠纷。此时的张英还在京城任职，于是家人快马加鞭送信到京城，希望张英能动用手中的权力“教训”邻居。

张英并没有按照家人的意思去做，而是作了一首诗回复家人，诗是这样写的：“千里家书只为墙，让他三尺又何妨？长城万里今犹在，不见当年秦始皇。”

家人看到这首诗后，马上后退三尺，邻居也觉得不好意思，于是也后退了三尺，彼此相让的结果是，一条六尺宽的小巷就此形成。

故事解析

古语有云：“天地本宽，而鄙者自隘。”试想，如果张英是一个“鄙者”，按照家人的意思去做，凭张英的势力是能“摆平”邻居的，但他家从此也就与邻居结下了仇恨。邻居之间可以说是“抬头不见低头见”，此后的日子里，两家人相见难免会在心里有一股怨气，长此下去，不论是张英家还是他的邻居，身心健康都会受影响。父辈结下的仇怨，一般都会传至下一代，这样一来，张英留给子孙的就是仇恨以及仇恨带来的狭隘。

张英不是“鄙者”，也不是狭隘之人，他的宽容之心带动了邻居的宽容，在两家的宅院之间形成的是六尺宽的小巷，这窄窄的六尺小巷，造就了两家人比天空还要宽阔的心胸。

值得一提的是，在康、雍、乾三朝皆为官的清朝名臣张廷玉，即是张英的儿子。张廷玉在康熙时即中进士，后官至保和殿大学士、军机大臣，乾隆时期被加太保。张英的二儿子也是进士及第。于是，关于张英一家在当地流传着这样一个说法——“父子宰相府”、“五里三进士”、“隔河两状元”。可以说，张英的后代有如此作为，与张英宽容待人、淡泊名利、宁静致远的家教不无关系。

故事穿越

管、鲍二人少小相识，后来合伙经商，管仲总是要从中多占一些便宜，鲍叔不以他为贪，知他是家贫的缘故。此后，管仲出了不少馊主意，几乎使生意做不下去了，鲍叔也不认为他蠢，而认为是没有遇上好时机。后来鲍、管二人分别投奔齐国公子小白和公子纠门下，小白胜而纠死，管仲跟着倒霉被囚。鲍叔不以胜者自居，反而力荐管仲于齐桓公（小白），也不计较自己会处在管仲之下。桓公果然拜管仲为相，治理齐国，九合诸侯一匡天下，齐桓公终成一代霸主。管仲后来感叹道：“生我者父母，知我者鲍叔也。”

故事微语

从鲍叔身上，我们至少可以总结出这样两点人格品质：一是宽容之态，二是谦逊之心。如果他无宽容，二人早在年轻时就分道扬镳了，哪来后来的“管仲治齐”？如无谦逊之心，以成败论己论人，又哪能容许“败军之将”反居自己之上？更何况这样的高下之分还是由自己提出来的？诚然，一切都是源于鲍叔对管仲的才干有充分的认识和信心，但没有他自己那宽厚忍让、虚怀若谷的博大包容之心，一切也都无从谈起。

生活本不平静，有失意的雨、沮丧的云、忧伤的霞、恼人的风，我们无法改变这个世界和周围的环境，也无法改变这些难免的遗憾。“人生多憾事，十事九难全。”唯一可以改变的是我们这颗多变的心。一个心灵宽广的人拥有的是满足和没有欲望的胸怀。与其把满足欲望当作快乐，不如净化心灵，让自己坦然面对一切。一个能读懂人心的人足够让自己快乐无比。愁也一生，乐也一生。快乐生活，真正的快乐天堂，就在我们的心中。

心灵箴言

紫罗兰把它的香气留在那踩扁了它的脚踝上，这就是宽怒。

——[美] 马克吐温

泰山不让土壤，故能成其大；河海不择细流，故能就其深。

——李斯

宽容就像天上的细雨滋润着大地。它赐福于宽容的人，也赐福于被宽容的人。

——[英] 莎士比亚

君子之道，忠恕而已矣。己所不欲，勿施于人。我不欲人之加诸我也，吾亦欲无加诸人。

——《论语》

乐对人生，享受海阔天空的人生境界

故事话题

两个青年到一家公司求职，经理把第一个求职者叫到办公室，问道：

“你觉得你原来的公司怎么样？”求职者面色阴郁地答道：“唉，那里糟透了。同事们尔虞我诈，钩心斗角，部门经理粗野蛮横，以势压人，整个公司暮气沉沉，生活在那里令人感到十分压抑，所以我想换个理想的地方。”

“我们这里恐怕不是你理想中的乐土。”经理说。于是这个年轻人满面愁容地走了出去。第二个求职者也被问到这个问题，他答道：“我们那儿挺好，同事们待人热情，乐于互助，经理们平易近人，关心下属，整个公司气氛融洽，生活得十分愉快。如果不是想发挥我的特长，我真不想离开那儿。”

“你被录取了。”经理笑吟吟地说。

故事解析

面对同一种境况，不同的人有不同的心情、不同的理解。满怀激情，你就会有一种振奋的感觉；失意悲观，你就会有一种痛苦或失落的感叹。

现实生活中的种种情绪，会使人对境况产生相同或近似的联想、类比。正如英国人狄斯雷利所说：“境遇不造人，是人造境遇。”因此，人要时时保持乐观的心态，这样你就会发现你的周围多了一分阳光，不顺心的事也会减少很多。

人生的意义，不在于我们走了多少崎岖的路，而在于我们从中感悟到了多少哲理。这些亘古不变的人间智慧将帮助我们认清真正的人生和享受人生的快乐。

追求享乐是人的天性，但经历苦难也是人生的必然。人如果不经过挫折、苦难，就不可能坚强，不可能成熟，不可能超凡脱俗，不可能达到人生的高级境界。

故事穿越

一次，罗斯福的家中被盗，丢失了许多东西。一个朋友闻讯，忙写信安慰他，劝他不必太在意。罗斯福给朋友写了一封回信：“亲爱的朋友，谢谢你来安慰我，我现在很平安。我要感谢生活，第一，贼偷去的是我的东西，而没有伤害我的生命；第二，贼只偷去我的部分东西，而不是全部；第三，最值得庆幸的是，做贼的是他，而不是我。”瞧，这位可敬的总统面对逆境时的精神是多么乐观啊！

故事微语

其实乐观本身就是一种成功。那些积极进取的人总比天生悲观的人要快乐得多，成功的次数也远远超过悲观的人。在悲观者的眼睛里流露的总是灰暗的悲哀，在乐观者的眼里流露的总是彩色的快乐。像这样的事例还有很多，所以我们要以乐观积极的态度面对生活，面对现实，总比那些整天逃避现实者要强。

人生之旅，苦难与快乐同在，苦难在人生过程中也不可或缺。苦难使人思索，苦难使人成熟，苦难使人坚强，苦难使人珍惜快乐。只有经历了苦难之后才知道快乐的珍贵，才能找到快乐的真谛。

其实，快乐离我们每个人都很近很近，快乐就在我们每个人的生活之中，但是需要我们去发现，去挖掘，去开发，去创造。我们要当好自己的导演，演绎好自己的生活。愿快乐与我们同行，使自己活得更潇洒，更超凡，更快乐！

乐观的精神是成功之本，人生没有过不去的坎儿，只要你以良好的心态、快乐的思想去渡过难关，让我们乐观、从容，就可以像罗斯福总统一样去面对生活中的各种困难吧。

心灵箴言

乐人之乐，人亦乐其乐；忧人之忧，人亦忧其忧。

——白居易

我们曾经为欢乐而斗争，我们将要为欢乐而死。因此，悲哀永远不要同我们的名字连在一起。

——[捷克] 伏契克

一个人如能让自己经常维持像孩子一般纯洁的心灵，用乐观的心情做事，用善良的心肠待人，光明坦白，他的人生一定比别人快乐得多。

——[法] 罗曼·罗兰

第三篇

接受现实，幸福就是对自己的积极认同

面对不可避免的事实要学会接受。不会用一颗平常的心来思考，就不可避免陷入于事无补的后悔之中。接受现实不是沉湎于不幸和痛苦中，而是敢于放手，思考怎样继续快乐地生活。生命的奇妙就在于此，谁都不知道下一秒将出现什么。接受现实才是一种豁达和明智。生活中，不幸的遭遇常常会让我们备受打击，让我们痛哭流涕，悲观失望，有些人对此不能很快忘掉，所以他们活得郁郁寡欢，闷闷不乐。人生总是有得有失，学会放弃是一种大智慧。无法挽回的就让它成为过去。

三思而行，永远不要在生活中说“假如”

故事话题

美国著名社会学大师拿破仑•希尔还是一个孩子的时候，有一天，和几个小朋友一起在密苏里州西北部一间荒废的老木屋的阁楼上玩儿。

一不小心，他从阁楼上滑了下去。他手指上偷戴着爸爸的戒指勾住了一根钉子，一股强大的力量把他不算强壮的整根手指都拉脱了下来。他尖声地叫着，吓坏了，以为自己死定了。他活了下来，但失去了一根手指。

在他的手好了之后，他就再也没有为这个烦恼过，再烦恼又有什么用呢？他接受了这个不可逆转的事实。他根本就没再想过，他左手只有四个指头。

还有一个开货梯的人，他的左手被齐腕砍断了。很多人问他少了那只手会不会觉得难过，他说：“我很少想到它，只有在穿针的时候，才会想起这件事来。”他很幽默，把自己的故事写成了书，他就是德国著名心理学家海因里希•罗格斯。

故事解析

人生路，是不能回头的，因为水不会倒流，时钟不会倒走，一切事只要过去，就永不会回头，我们自一出生，就踏上了这样一条不归路。

许多人经常会说：“如果再给我一次机会，我肯定会做得更好！”但生活永远不会给我们第二次选择的机会，我们可以转身去看，但是永不能回头。一切事一旦发生，便永不能再回头了。回头是危险的，一边跑一边回头的人绝对跑不快，而且容易摔倒；总是回头缅怀过去的人，就不容易开创未来。

“三思方举步，百折不回头。”细思之，这句看似平常的格言其实隐含着非常深刻的人生哲理。

故事穿越

有一个女人已是中年人了，还是单身一个人。她也曾经恋爱过，朋友也都曾经给她介绍过朋友，她总是不满意。见第二个的时候，却发现原来第一个比第二个还要好一些，于是就开始后悔。于是见第三个、第四个……她一直都在后悔，发现之前见过的其实都不错……就这样，她慢慢地从一个少女变成了一个中年人，可是她还在不停地后悔着……

故事微语

一个人因为自己的过失而带来的后悔情绪，大致可向两个方向去：一个是因为后悔，反而心生力量，振作起来，重新再来；另一个是由后悔而滑向自怨自艾的泥潭，懊丧不已，以致自暴自弃。上例中的那个女人就是属于后者，所以她才会错过了青春。

每天生活在后悔之中有什么用呢？难道后悔时间就会倒流，事情就会有转机吗？时光无法逆转，发生过的事情也无法改变。昔日不能重现，往事不能重来。后悔仅仅是一种追忆往事的情感，它没有能力去改变往事。我们需要的并不是后悔，我们能做的只有改正自己的错误与言行，以免以后再后悔。不要对自己做过的事或所做的选择感到后悔，应该把后悔的时间用来思考人生的未来。

在这个世界上，谁都有做错事的时候，如果一味地沉浸在后悔之中，不但于事无补，而且会给身心带来严重伤害。偶尔做错了一件事，不要老跟自己过不去，要懂得原谅自己，善待自己的过失，不要让过失成为自己前进的新的绊脚石，而应让它成为自己前进的垫脚石。

心灵箴言

如果错过了太阳时你流了泪，那么你也要错过群星了。

——[印] 泰戈尔

由于软弱才能做的事情，倘若在做了之后还感到懊悔，那便是更加软弱。

——[英] 雪莱

当我们为一去不复返的青春叹息时，我们应该考虑将来的衰老，不要到那时再为没有珍惜壮年而悔恨。

——[法] 拉布吕耶尔

过去的你铸就了如今的你

故事话题

有两个朋友。

一个时常痛苦地对着照片在家喝闷酒，另一个则时常痛苦地对着朋友在酒吧喝闷酒。在家对着照片喝闷酒的，是因为那个他深爱的女人嫁给了别人，所以他痛苦。

在酒吧对着朋友喝闷酒的，是因为他娶了当初深爱的那个女人。结果却很不幸福，弄得自己很痛苦。

故事解析

他们都非常悔恨，都说假如重新选择一回，就会怎样怎样。可如果真的回到当初，就会如他们所说的那样吗？没有了痛苦，不会借酒浇愁？当然不是，不管做什么选择，不管与谁在一起，都难免会遇到这样或那样大大小小的碰撞、烦恼。也许，换成另外一种选择，现在这个困扰不在了，但又会有别的困扰产生——我们时常在不如意的时候，会懊悔当初的做法，可没有当初，就没有我们的现在。

不要浪费时间去后悔当初做的那些事，结果错过了现在该做的事，难道我们又要在以后来后悔现在错过的这些事吗？

我们应该停止悔恨，把精力集中在“现在我能做什么上，”而不是“当时我做了什么”。若能如此，那么，从失败中学到的，将会比从成功中学到的更多。

故事穿越

在电梯里听到过两个人的对话，男的对女的说："你今天应该感谢你原来的公司。"

女的回答道："每个人的今天都应该感谢昨天的积淀。其实没有过去，也不会有现在。"说得多好！

一个经历沧桑的男人对一个女子说："你要是知道了我的过去.可能就不会喜欢我。"

女子答道："过去的种种铸就了今天的你，即使过去是曲折或者不幸。我喜欢的是现在的你，但是我感谢过去，因为它成就了现在的你。"多智慧的回答！

故事微语

正是过去，才铸造了我们今天的所有……过去的都已经过去了，我们不应该往后看，除非能从过去的错误中获取有用的教训。过去无法改变，我们只能活在现在。

昨天已经过去了，时光无法倒回。不要说假如当初，没有当初，也就没有现在的我们。假如没有过去……这只是一个假如，没有过去，也就没有现在的我们。

生活是不公平的，不要奢望自己成为上帝的宠儿。事情往往是你越想成为被眷顾的幸运儿，就越会让心中的不满和抱怨无限放大，就越会觉得别人对自己不公平。对于公平的一味追求，只会导致心理严重失衡，变得怨天尤人，浮躁不安，没有足够的勇气再去接受现实的挑战，那就等于将自己彻底丢弃在绝望的边缘。

既然这样，端正自己的心态，用心去思考一下怎么适应这样的不公

吧！当你换个角度来看问题时，你会发觉得到的远比失去的要多。

不可否认，忘却的确不是一件简单的事情，特别是对于那些刻骨铭心的爱情和撕心裂肺的伤痛。对过去美好的追忆像潇潇夜雨一般滋润我们的心田，与此同时，这种获得之后的失去又往往流淌着一股浓浓的惆怅和无奈，使我们为生命的无常而遗憾、叹息。

但是无论怎样不舍，也不管如何难过，生活的车辙还是要继续向前行进的，我们总得给生命腾出一些空间来接受新的东西。对于那些已经发生的不愉快经历，我们就要学会放弃，过去的就过去了。

心灵箴言

“抱怨”真的就是口臭，它会传染，而习惯抱怨的人，就是在向自己的鞋子里倒水。

——美国《时代》周刊

沉溺于抱怨，只会驱走身旁的朋友。为何不放眼未来，用正向思考面对每一天呢？

——洪兰

每个人都面临着挫折和失败的可能，这是我们每个人人生经历的一部分。

——柳传志

学会接受，坦然也是另一种快乐

故事话题

一个很有名气的心理学教师，一天给学生上课时拿出一个十分精美的咖啡杯，当学生们正在赞美这个杯子的独特造型时，教师装出失手的样子，咖啡杯掉在水泥地上，成了碎片，这时学生中不断发出惋惜声。教师指着咖啡杯的碎片说："你们一定为这个杯子感到惋惜，可是这种惋惜也无法使咖啡杯再恢复原来的样子。学会接受现实很重要，今后在你们的生活中发生无可挽回的事情时，请记住这破碎的咖啡杯。"

故事解析

面对不可避免的事实，我们就应该学着做到诗人惠特曼所说的那样："让我们学着像树木一样顺其自然，面对黑夜、风暴、饥饿、意外与挫折。"

许多不愉快的经历，我们是无法逃避的，也是无可选择的。我们只能接受已经存在的事实，做自我调整，抗拒不但可能毁了自己的生活，也许还会使自己精神崩溃。

这是一堂很成功的素质教育课，学生们通过摔碎的咖啡杯懂得，人在无法改变失败和不幸的厄运时，要学会接受它、适应它。

命运中总是充满了不可捉摸的变数，如果它给我们带来了快乐，当然是很好的，我们也很容易接受。事情却往往并非如此，有时，它带给我们的会是可怕的灾难。这时我们只有学着去接受它，生活才会永远地充满阳光。

故事穿越

有一个老人，他特别喜欢搜集各种古董，一旦发现自己喜欢的东西，无论花多大的价钱都要想办法买下来。

有一次，朋友告诉他，在旧货市场上发现了一个年代久远的瓷瓶。这位老人听到这个消息后，放下电话，骑上自行车就直奔旧货市场，最终花了很高的价钱把那个瓷瓶买了下来。老人把这个宝贝绑在了自行车的后座上，兴奋地边哼着小曲，边卖力地蹬着自行车。途中，由于瓷瓶拴得不牢固，只听见“咣”的一声，瓷瓶从自行车后座掉到了地上，摔得粉碎。

老人听到清脆的响声后，居然连头也不回地往前骑，嘴里还哼着“苏三离了洪桐县……” 这时，路边的一个行人对他大声喊道：“老先生，你的瓷瓶摔碎了！”

“摔碎了吗？听声音一定是摔得粉碎，无可挽回了。”老人没有回头，只是大声地回应着那个行人。

“哟，真是个怪人！”

“摔碎了，多可惜呀！”

在路人的惋惜声中，老人的背影消失在人流之中。老人始终没停住自行车，甚至没有回一下头，就那样潇洒地走了。

故事微语

人在无法改变不幸或不公的厄运时，要学会接受不可改变的现实。接受事实是克服任何不幸的第一步。即使我们不接受命运的安排，也不能改变事实分毫，我们唯一能改变的，只有自己。

接受现实，并不等于束手接受所有的不幸。只要有任何可以挽救的机会，我们就应该奋斗。但是，当我们发现情势已不能挽回时，最好就不要再思前想后，而应拒绝面对，只有如此，才能在人生的道路上掌握好平衡。我们每个人迟早要懂得这个道理。

人活在世上，都会有不顺心的事，都会有苦难、有挫折。可是有的人意气风发，有的人萎靡不振，这就需要我们有一个好的心境，不要和自己过不去，要学会接受。不会用一颗平常心来思考，就不可避免地陷入于事无补的后悔之中。接受现实不是沉湎于不幸和痛苦中，而是敢于放手，思考怎样继续快乐地生活。生命的奇妙就在于此，谁都不知道下一秒将出现什么。接受现实才是一种豁达和明智。

心灵箴言

如果你因为错过太阳而哭泣，那么你将要错过星星了。

——[印] 泰戈尔

承认现实生活中的不足之处，并通过自己的努力去弥补这种不足。

——于丹

人世间的任何境遇都有其优点和乐趣，只要我们愿意接受现实。

——[美] 华盛顿·欧文

在你没有能力自立以前，先把尊严放低一点儿，先接受现实，然后才有改变现实的可能。

——[美] 比尔·盖茨

无法挽回的，就让它随风而去

故事话题

一个女孩儿儿失恋了，与她相恋了四年多的男友忽然提出与她分手。女孩儿想起他昔日的种种海誓山盟，他说要爱自己一辈子，陪自己一辈子……女孩儿想起他对自己说的甜言蜜语：宝贝，你是我的最爱，我就愿意被你欺负……可这一切，不过才经历了四年多的时间就灰飞烟灭了。

女孩儿每天以泪洗面，想求他不要离开自己，给他打电话，不接；发信息，不回；后来对方干脆换了电话号码。她发疯似的四处找他，才发现他已经辞职，搬了家，而他的朋友也都不知他的去向。

她不甘心就这样失去他，她无心工作，干脆辞了职，在漫无边际的痛苦里游荡。有一天，她的一个朋友说她曾在一家餐厅里见到他和一个女孩儿在一起，很亲密的样子。她的泪水夺眶而出，好久才恨恨地说：“我要找到他，我要报复他。”她开始抽烟，喝酒，乱交男友，可是她没有因此获得快乐，相反却陷入了愈来愈深的痛苦之中。

故事解析

这个女孩儿因为不懂放手、不懂忘记而将自己推入了痛苦的深渊，实在是得不偿失。爱无对错，苦苦纠缠是对自己最大的伤害。既然无法挽回，就应该让它成为过去。

无论你曾体验过怎样的酸甜苦辣，无论你曾做过什么惊天动地的大事，拥有过何等辉煌的事迹，一切都将在岁月流逝中化为平淡。我们没有必要让过去的事情束缚自己的手脚，在过去的甘苦中沉溺，没有必要把那早该埋葬的是是非非、恩恩怨怨，从残碎的记忆中抽出来咀嚼、玩味、修补。对往事的过分认真和回忆，只能显示出一种与实际年龄不相吻合的幼稚、天真和不谙世事。

有人说过去的事就如同东逝的春水，犹如过眼云烟般缓缓地被风吹散。我们不应该在今天总想过去，那只是昔日的辉煌或者是离愁。放弃无法挽回的事情，反倒成全了美丽。

如果你感觉不到生活中的快乐，那么你需要把那些无法挽回的痛苦经历统统抛给过去，不要烦恼，拒绝怨恨，只有享受生活中的阳光，才能感受到活着不是为了承受痛苦，而是为了享受幸福。

故事穿越

巴辛是一名银行职员，他的心情总是很好，从来就没人见到他有烦恼的时候。当有人问他近况如何时，他总会回答："我快乐无比。"

如果哪个同事心情不好，他就会告诉对方怎么去看事物好的一面。他说："每天早上，我一醒来就对自己说，巴辛，你今天有两种选择，你可以选择心情愉快，也可以选择心情不好，我选择心情愉快。每次有坏事情发生，我可以选择成为一个受害者，也可以选择从中学些东西，我选择后者。人生就是选择，你要学会选择如何去面对各种处境。归根结底，你自己选择如何面对人生。"

有一天，银行遭遇了3个持枪歹徒的抢劫。歹徒朝他开了枪。巴辛被送进了急诊室。经过18个小时的抢救和几个星期的精心治疗，巴辛出院了，只是小部分弹片留在他体内。

6个月后，他的一个朋友见到了他。朋友问他近况如何，他说："我快乐无比。想不想看看我的伤疤？"朋友看了伤疤，然后问当时他想了些什么。巴辛答道："当我躺在地上时，我对自己说有两个选择：一是死，一是活。我选择了活。医护人员都很好，他们告诉我，我会好的。但

在他们把我推进急救室后，我从他们的眼神中读到了‘他是个死人’。我知道我需要采取一些行动。”

“你采取了什么行动？”朋友问。

巴辛说：“有个护士大声问我对什么东西过敏。我马上答‘有的’。这时，所有的医生、护士都停下来等我说下去。我深深吸了一口气，然后大声吼道：‘子弹！’在一片大笑声中，我又说道：‘请把我当活人来医’，而不是死人。”

故事微语

你会用一种什么样的态度来对待痛苦和失败呢？大多数人，面对失败，是痛苦的；痛苦的时候，会更加痛苦。痛苦是我们的人生经验，我们从苦难当中可以学到很多。人生的成长和飞跃，就是经常发生在你觉得非常痛苦的时刻。

成功很多时候需要机遇，有些人，也许一辈子怀才不遇，有些人却乘风破浪，扶摇而上。很多时候，我们都没法改变环境，但是，我们可以改变自己每一天的心情。这一天，无论成功或者失败，你选择快乐还是痛苦，都是可以由你自己决定的。幸福在当下，坦然地接受自己的痛苦和失败，让你觉得这都没有什么。也许人生没有所谓的成功与失败，只是每个人选择不同，在分岔路口，你选择了这个方向，而我选择了另外一个方向。

忘记过去的痛苦，才能走出心灵的牢笼，不要再一次次地晾晒那永远也晒不干的往事，该舍弃的舍弃，该遗忘的遗忘。生命是一张单程车票，只有起点，没有返途。

快乐很深奥，快乐又很简单，简单到只需要记住美好，忘却伤害；简单到只要肯放弃对过往失败的耿耿于怀，从头再来。告诉自己“既然无法挽回，就让它成为过去”吧。

心灵箴言

风来疏竹，风过而竹不留声；雁渡寒潭,，雁去而潭不留影。故君子事来而心始现，事去而心随空。”

——洪应明

再好的东西都有失去的一天。再深的记忆也有淡忘的一天。再爱的人，也有远走的一天。再美的梦也有苏醒的一天。该放弃的决不挽留。

——[英] 莎士比亚

放弃是一种胸怀,是一种成熟，是对自我内心的一种自信和把握。放弃,不是放弃追求，而是让人以豁达的心态去面对生活。该得到的不要错过，该失去的洒脱地放弃。过多的的在乎会减少人生的乐趣，看淡了一切也就多了生命的释然。

——佚名

珍惜现在，读懂当下的幸福

故事话题

从前，有一座寺庙叫圆音寺，每天都有许多人上香拜佛，香火很旺。在圆音寺庙前的横梁上有只蜘蛛结了张网，由于每天都受到香火和虔诚祭拜的熏陶，蛛蛛便有了佛性。经过了千年的修炼，蛛蛛佛性增加了不少。

忽然有一天，佛祖光临了圆音寺，看见这里香火甚旺，十分高兴。离开寺庙的时候，不经意间地抬头，看见了横梁上的蜘蛛。佛祖停下来，问这只蜘蛛："你我相见总算是有缘，我来问你个问题，看你修炼了一千年，有什么真知灼见？"蜘蛛遇见佛祖很是高兴，连忙答应了。

佛祖问道："世间什么才是最珍贵的？"蜘蛛想了想，答道："世间最珍贵的是'得不到'和'已失去'。"佛祖点了点头，离开了。

就这样又过了一千年的光景，蜘蛛依旧在圆音寺的横梁上修炼，它的佛性大增。一日，佛祖又来到寺前，对蜘蛛说道："你还可好？一千年前的那个问题，你可有什么更深的认识吗？"蜘蛛说："我觉得世间最珍贵的是'得不到'和'已失去'。"佛主说："你再好好想想，我会再来找你的。"

又过了一千年，有一天，刮起了大风，风将一滴甘露吹到了蜘蛛网上。蜘蛛望着甘露，见它晶莹透亮，很漂亮，顿生喜爱之意。蜘蛛每天看着甘露很开心，它觉得这是三千年来最开心的几天。突然，又刮起了一阵大风，将甘露吹走了。蜘蛛一下子觉得失去了什么，感到很寂寞和难过。这时佛祖又来了，问蜘蛛："这一千年，你可好好想过这个问题：世间什么才是最珍贵的？"蜘蛛想到了甘露，对佛祖说："世间最珍贵的是'得不到'和'已失去'。"佛祖说："好，既然你有这样的认识，我让你到人间走一遭吧。"

就这样，蜘蛛投胎到了一个官宦家庭，成了一个富家小姐，父母为她取了个名字叫蛛儿。一晃，蛛儿到了16岁了，已经成了一个婀娜多姿的少女，十分漂亮，楚楚动人。

这一日，甘鹿中了新科状元，皇帝决定在后花园为他举行庆功宴席。

来了许多妙龄少女，包括蛛儿，还有皇帝的小公主长风公主。状元郎在席间表演诗词歌赋，大献才艺，在场的少女无一不被他折倒。但蛛儿一点儿也不紧张和吃醋，因为她知道，这是佛祖赐予她的姻缘。

过了些日子，说来很巧，蛛儿陪同母亲上香拜佛的时候，正好甘鹿也陪同母亲而来。上完香拜过佛，二位长者在一边说上了话。蛛儿和甘鹿便来到走廊上聊天，蛛儿很开心，终于可以和喜欢的人在一起了，但是甘鹿并没有表现出对她的喜爱。蛛儿对甘鹿说："你难道不曾记得 16 年前，圆音寺的蜘蛛网上的事情吗？"甘鹿很诧异，说："蛛儿姑娘，你漂亮，也很讨人喜欢，但你想象力未免太丰富了吧。"说罢。和母亲离开了。

蛛儿回到家，心想，佛祖既然安排了这场姻缘，为何不让他记得那件事？甘鹿为何对我没有一点儿感觉？

几天后，皇帝下诏，命新科状元甘鹿和长风公主完婚，蛛儿和太子芝草完婚。这一消息对蛛儿如同晴空霹雳，她怎么也想不通，佛祖竟然这样对她。几日来，她不吃不喝，急思之下，灵魂就将出壳，生命危在旦夕。太子芝草知道了，急忙赶来，扑倒在床边，对奄奄一息的蛛儿说道："那日，在后花园众姑娘中，我对你一见钟情，我苦求父皇，他才答应。如果你死了，那么我也就不活了。"说着就拿起了宝剑准备自刎。

就在这时，佛祖来了，他对快要出壳的蛛儿灵魂说："蜘蛛，你可曾想过，甘露（甘鹿）是由谁带到你这里来的呢？是风（长风公主）带来的，最后也是风将它带走的。甘鹿是属于长风公主的，他对你不过是生命中的一段插曲。而太子芝草是当年圆音寺门前的一棵小草，他看了你三千年，爱慕了你三千年，但你却从没有低下头看过它。蜘蛛，我再来问你，世间什么才是最珍贵的？"蜘蛛听了这些真相之后，好像一下子大彻大悟了，她对佛祖说："世间最珍贵的不是'得不到'和'已失去'，而是现在能把握的幸福。"刚说完，佛祖就离开了，蛛儿的灵魂也回位了，睁开眼睛，看到正要自刎的太子芝草，她马上打落宝剑，和太子深深地拥抱着……

故事解析

我们在生活中所遇到的一切，都该珍惜，都该感激，不管好与不好。当我们做学生时，就尽量认真学习，珍惜同窗情谊；当我们工作时，尽量做好工作，珍惜同事情谊；当我们拥有家庭时，珍爱家人，时刻牢记自己的责任，时刻铭记自己的角色，不要错位；当我们做了领导时，就应该为民谋福，正直清廉，而非贪财求色。一旦扮演的角色错位，必定招致祸患，害人害己，最终将自己送入地狱煎熬。那是相当可怕的，也是最可悲的，也是真正的大不幸，人生的悲剧莫过于此!

当我们真正懂得了珍惜，懂得了感激，遗憾将不再现，也不再有“失去了才知可贵”的悔恨，生活也必定充满阳光，人生也必定坦荡!

故事穿越

一个寺院的看门人羡慕菩萨像每天端坐佛台上接受人们的顶礼膜拜。菩萨像说：“好啊！我下来看门，把你变到佛台上。但是，不论你看到什么、听到什么，都不可以说一句话。”于是菩萨下来看门，看门人上去当菩萨且依照约定，静默不语，聆听信众的心声。

一天，一个富商来祈祷，离开时落下了自己的钱袋，佛台上的看门人看在眼里却憋着不能说。接着，来了一个穷人，他祈祷菩萨能帮助他渡过生活的难关。要离去时，穷人发现了这个钱袋，高兴地说：“菩萨真好，有求必应！”于是拿了钱袋万分感谢地离去。佛台上的看门人看在眼里，仍然憋着不能说。接下来，一个将要出海远行的年轻人前来祈求菩萨降福平安，要离去时，富商冲进来，抓住年轻人的衣襟，要年轻人还钱，两人吵了起来。

佛台上的看门人终于忍不住开口了。既然事情清楚了，富商便找拿走钱袋的穷人去了，而年轻人则匆匆离去，生怕搭不上船。这时菩萨指着佛台上的看门人说："你下来吧！那个位置你没有资格了。"

看门人委屈地说："我把真相说出来，主持公道，难道不对吗？"菩萨说："你错了。那个富商并不缺钱，他的钱不过是用来嫖妓；可是对那穷人而言，却可以维持一家大小的生计；最可怜的是那位年轻人，如果富商一直纠缠他，延误了他出海的时间，他还能保住一条命，而现在，他所搭乘的船正沉入海中。"

故事微语

在现实生活中，我们常自认为知道什么才是最好的安排，但往往事与愿违。

事实上好与不好，要经过时间的考验。当我们回过头想想，会发现当初我们认为最好的安排，现在看来可能并非最好，甚至最好的安排可能变成最差的结局。因此，我们必须相信：当前我们所拥有的，不论是顺境还是逆境，都是对我们最好的安排。

幸福在哪里，其实就在我们心里。当我们静下来，观照内心，就会发现，自心外去寻求幸福的人，与那些拼命追逐自己影子的人一样可爱。当浮华散尽，尘埃落定，生活便水落石出，渐渐露出真面目。人到中年，人人都有"梦里寻他千百度，那人却在灯火阑珊处"的感叹，有"踏破铁鞋无觅处，得来全不费工夫"的顿悟。幸福，只在一念间，只在当下，只在过好这一秒。

在这仅属于我们的一秒钟内，做自己想做的事，爱自己所爱的人，珍惜眼前人、眼前事。快乐，就是不问过去，也不想未来；幸福，就是活在当下，专注于当下，用心于当下。

心灵箴言

生命如流水，只有在它的急流奔向前去的时候，才美丽，才有意义。

——张闻天

我以为世间最可贵的就是“今”，最易丧失的也是“今”。因为它最容易丧失，所以更觉得它宝贵。

——李大钊

不要以感伤的眼光去看过去，因为过去再也不会回来了，最聪明的办法，就是好好对付你的现在——现在正握在你的手里，你要以堂堂正正的大丈夫气概去迎接如梦如幻的未来。

——[美] 郎费罗

第四篇

远离自卑，对自己说“我能行”

有人说：“天下无人不自卑。无论圣人贤士，富豪王者，抑或贫农寒士，贩夫走卒，在孩提时代的潜意识里，都是充满自卑感的。”但你若想成大事，就必须战胜自卑感，将自卑变为发愤的动力。其实，自卑本身并没有坏处，对我们有伤害的是我们对自卑采取了错误的方式。应调整好心态，勇于直面自己的不足。真的勇士敢于直面自己的缺点与瑕疵，真的智者乐于解决自己的缺点与瑕疵，成功者则善于发现自己的缺点与瑕疵。让我们都来做勇士、智者与成功者吧!

诠释自卑，睿智思考，勇敢前行

故事话题

尼克松是一个我们非常熟悉的美国总统，是他首次打破中美关系的坚冰，来华访问，开启了中美友好外交关系的新纪元。就是这样一个大人物，却因为自卑，对自己做出了错误的估计，针对对手干出了荒唐的事情，结果毁掉了自己的大好政治前程。

1972 年，尼克松竞选连任总统。由于他在第一任期内政绩突出，大多数政治评论家都看好尼克松，预测他将以绝对优势打败竞争者，再任美国总统。

但是，尼克松本人缺乏信心，尚未走出以往几次失败的心理阴影，极度担心自己会失败。在这种潜意识的驱使下，他鬼使神差地干出了令其后悔终生的蠢事。他指派手下潜入竞选对手总部的水门饭店，在对手的办公室里安装了窃听器。事发之后，他又连连阻止调查，推卸责任。虽然赢得了总统选举，但是不久便因这次“水门事件”而被迫辞职。本来稳操胜券的尼克松，因缺乏信心而失败。

朱元璋是明朝的开创者，他出身贫寒，讨过饭，当过小和尚。一方面，是他无比的信心、谋略和勇气，使他成为一代开国皇帝；另一方面，出身的卑微，使他内心深处总是暗中纠结着深深的自卑。

身为一代开国帝王，朱元璋必定有自信的一面：

朱元璋当皇帝后，多次微服出巡。有一次，他出巡回来，到金陵郊外一个渡口等船渡江，正好遇上一群来金陵参加进士考试的士子也在候船。

这里的风景十分壮丽，万里长江滚滚东流，苍茫的钟山似龙盘虎踞，偌大的采石矶屹立于江岸。一个年轻士子凝视着眼前的景色，脱口吟道：“采石矶兮一秤砣……”

士子们一听，都觉得气度不凡，齐声叫好。

朱元璋听后却冷笑一声道：“气魄倒是很大，但恐怕难以为继啊！”

大家听了以后一想，不错，偌大一座采石矶仅仅是一个秤砣，那么，秤杆、秤钩又是什么呢？纵使有了这么大的秤，又去称什么呢？大家面面相觑，不知如何是好。那个吟诗的士子也一时语塞，吟不出下句了。

朱元璋见状笑道：“且待我试续一下。”说完，便高声朗诵起来：

采石矶兮一秤砣，
长虹作杆又如何？
天边弯月是钩挂，
称我江山有几多。

此诗一出，士子们一个个目瞪口呆，吓得不敢问这位先生是何许人也。

即使是这高高在上的帝王，也有他自卑的一面：

为了显示出身的高贵，他曾想与宋代大理学家朱熹扯上血缘关系，但因实在是南辕北辙，最终只好作罢。

眼前见不得“光”、“秃”、“僧”、“乞丐”等字，耳里也听不得别人说到这些字，同音都不行，否则，就有杀身之祸。因此，在出身方面，朱元璋也不比鲁迅先生笔下的阿Q自信多少。

故事解析

没有自卑的信心不是真正的信心。信心者的自卑是建立在全面认识自己的基础上的，是明白人的自卑。如果一个人毫无自卑，这样的信心不是真正的信心，而是糊涂人的自大，是狂妄者的自负。真正的信心是有自卑垫底的，正是自卑充实着信心，是自卑撑起了信心，也是自卑引发了成功。

正是有了自卑，你才发现自己的不足，才有了生活的目标。有了目标的生活是明亮的、令人快乐的，因此自卑点亮了生活的希望之烛，指明了前进的方向。

自卑又是人们冲向成功的发动机。古人说：“知耻而后勇。”我们在迈向成功的时候，也往往是由于自己在某方面的不足而产生的要超过别人、弥补自己的信念。有了这个信念，我们在困难中才会义无反顾，在失败中才会昂首向前。到达成功的顶峰之后回首往事，人们才发现自己的毅力竟是由自卑引起的——正是自卑的穿针引线，才织出了我们绚烂多彩的生活图景。自卑有时会压垮一个人，因为他觉得自己一无是处。但更多的时候，它是人们不断完善自己的法宝。因此，我们在学习、生活中决不能被自卑打败，而要驾驭它，让它为我们服务。

故事穿越

在20世纪30年代初期的一个早春二月，在苏联的一个普通农民家里，一个男孩儿出生了。这是一个贫困的农民家庭，所以男孩儿一出生，他艰辛的童年就开始了。男孩儿的家里有6口人，他们全家挤在一起，住在一间破旧的小屋子里，男孩儿的家里除了农庄里分的一头奶牛之外，就没有什么值钱的东西了。

男孩儿上学了，学习刻苦认真，成绩也非常优异，同学们也都非常喜欢和拥护他，所以他在同学中的威信很高。但是，有些老师却不喜欢他，并把他当成一个坏学生，甚至有好几次，有的老师向学校提议，希望能开除这个男孩儿，因为这个男孩儿在班里总是喜欢出一些意想不到的鬼点子。最让老师恼火的是，当这个男孩儿或者班里的其他同学受到老师不公正地批评后，男孩儿总是会勇敢地站出来说话，他那些有情有理的话语总是让老师无言以对，十分尴尬。

那年学校的毕业考试结束了，男孩儿的各门功课的考试成绩都非常优秀，因此，男孩儿对自己能够圆满顺利地毕业充满了信心。学校举行毕业典礼的那天，会场上的气氛非常热烈和隆重。一个个学生走到台上，恭恭敬敬地从老师的手里拿到了自己的毕业证书。当男孩儿走到台上的时候，他说自己有话要说，希望能得到主持典礼的老师的同意。主持典礼的老师感到很新奇，他想听听这个男孩儿究竟要说些什么，就同意了男孩儿要发言的请求，台下的同学们也都以热烈的掌声欢迎他发言。于是，男孩儿在台上开始说话了，他先是对那些在平时的生活和学习上关心、帮助过自己的老师致以诚挚的感谢，台上和台下的人都给予了他赞许的掌声。接着，男孩儿开始评论自己的班主任老师，并尖锐地指出了班主任老师在工作中的缺点和失误，他说，班主

任老师的教育方式很不得当。他的话语让当时在台上端坐的那个班主任老师又气又急，非常尴尬，也非常恼火。

毕业典礼结束之后，男孩儿去拿自己的毕业证书，学校却告诉男孩儿，他不能得到自己的毕业证书，学校只能发给他一张肄业证书。男孩儿对学校这样的做法非常不服气，他认为，自己已经通过优异的考试成绩证明了自己是有资格拿到毕业证书的，学校拒绝发给他毕业证书是一种极其无理的行为，学校这样的行为侵犯了他的权利。于是，男孩儿开始在学校以及政府主管教育的部门来回奔走，为维护自己的正当权利而大声疾呼。经过男孩儿的不懈努力，上级主管教育的机构专门成立了一个检查班主任行为的工作委员会，最终那个被男孩儿评价为教育方式非常不得当的班主任老师受到了处理。男孩儿以自己无畏的勇敢精神而站出来大声地说话，他最终得到了那张应该属于自己的毕业证书。

故事微语

这个男孩儿没有因为自己出身贫困而看不起自己，他战胜了自卑，在那些和大家的利益息息相关的问题上，该说话的时候，他敢于站出来大胆地说话，勇敢地去争取公平和公正。这个男孩儿就是俄罗斯第一任总统。他一直保持着该说话时就要勇敢说话的处世风格，最终在人生的道路上拥有了引人注目的成功和辉煌。

我们每个人的心中都有一块禁区，一块别人永远走不进去，自己也永远走不出来的角落。在这个角落里，藏着多多少少不为人知的秘密，可能是曾经的一块伤疤——现在的悔恨，未来的自卑与迷茫，而我的那个角落里藏着的是我无形的自卑。我自卑着自己的外貌，自卑着自己的工作，自卑着很多很多。这样的我活得很累，就算有阳光的照射，也是背对着阳光，我看到的只是自己的影子。可是，生活中总有一些朋友，他们积极开朗，潜移默化地影响着我，让我知道其实所有的一切都只是两个字——“放下”。如果换一种思维，你会发现自己其实没那么差劲儿，并没有比别人低一等矮一截，重要的是有一个好的心态。

心灵箴言

去做你害怕的事，害怕自然就会消逝。

——[美] 罗夫·华多·爱默生

最大的骄傲与最大的自卑都表示心灵的最软弱无力。

——[荷兰] 斯宾诺莎

人们不太看重自己的力量，这就是他们软弱的原因。

——[苏联] 高尔基

真实的生命里，每桩伟业都由信心开始，并由信心跨出第一步。

——奥格斯特·冯·史勒格

信念有多强，飞的就有多高

故事话题

疯狂英语创始者李阳，在兰州大学读书时英语考试时常不及格，但到大学二年级时必须过英语四级，否则就拿不到学位证书。

为此他独自一个人跑到陵园里大声读外语，不多时他发现英语进步很快。李阳开始了反省：原来由于自己脸皮薄，怕读不准外语，因而不敢开口，越不敢开口就越读不准外语，从而形成了恶性循环；现在进步快的原因就是独自一个人在陵园大声朗读而不怕别人指责。李阳意识到要想取得更大的进步和成就，就得不怕丢脸，大胆朗读。

为此，他开始走出陵园，到大庭广众之下放声朗读。为了更好地锻炼自己的脸皮和胆量，他还穿些奇装异服，带上耳环。果然遭到了很多同学的白眼，甚至有人说他“自不量力，当众出丑，不知羞耻……”

但是一个有理想、有抱负的青年并没有因此而退缩、吓倒，因为他有自己坚定的目标，就是锻炼自己的胆量和脸皮以提高自己的水平。

结果李阳在英语四级考试中名列全校第二名。最终的成功是对那些嘲笑者的有力回击，别人的嘲笑也给了李阳锻炼自己的机会，他最终赢得了属于自己的真正的“面子”。

A

故事解析

“一个人能飞多高，并非由人的其他因素决定，而是受他自己的信念所制约。”这里说到的信念归根结底就是信心。在你想做一件事之前，你拥有了信心，也就等于成功了一半。什么是信心？信心是一种思想，一种内在的潜意识，是对自己的肯定。口吃患者缺乏信心，或没有信心，甚至有自卑感，觉得自己讲话不如别人，别人哪样都好，而自己却一无是处。这些人的生活是痛苦的，他们用消极的心态应对生活，整天处于悲痛、失落之中，在众人面前抬不起头来。他们很少或从不参加集体活动，性格内向，不善言谈。因为他们没有勇气面对困难挫折，认为别人都比自己强，所以在社会竞争中没有机会，即使有了机会，也屡遭失败。

难道这些人能力差吗？不!他们的智力并不比别人低，有的人某些方面的表现甚至很卓越。就是因为自卑，缺乏信心，他们的聪明才智得不到正常发挥，以致影响了自己的前程。

故事穿越

有一个故事发生在1997年12月11日。美国著名的《悄悄话》专栏女记者辛迪·亚当，想约总统夫人希拉里来个单独采访。多番努力，终于搞定：希拉里同意在她出席完纽约曼哈顿大学的一个妇女集会后，跟辛迪谈一个小时，采访就定在有着百年历史的曼哈顿大学俱乐部。辛迪先到，在大厅等候着。已过约定的时间，她坐不住了，悄悄地把手机拿出来，想打个电话问一下，守门的老头儿过来了，说：“夫人，请问你在干什么?”辛迪说：“我跟克林顿夫人有个约会。”老头儿说：“不论是谁，在本俱乐部大厅里都必须保持安静，所以你不可以在这里使用手机，请你出去。”说完老头儿就走了。辛迪只好收起了手机。一会儿老头儿又来了，这时辛迪正与克林顿夫人在大厅里高谈阔论，在场的还有总统府的高级助理们。老头儿不乐意了，说：“这是不能容许的行为，你们必须离开。”辛迪还想与之争辩，却被乖巧的希拉里拉出了门。

故事微语

故事中的老头儿选择了守门，也选择了一份权贵们不敢在他面前猖狂的自信。这种自信已经渗透到他的潜意识中，于不知不觉间表现在一言一行中，貌似平淡，实则高贵，令人不禁肃然起敬。

当代美国成功学大师拿破仑·希尔认为，最伟大的奇迹就是自信。立志成功的人必须消除消极的心态。可以说，一个人之所以失败，是因为他自己要失败；一个人之所以成功，是因为他自己想要成功。

自信是一粒种子，是一粒创造奇迹的种子。如果说你的命运是那破旧的花架，那么因为你的自信，变得繁花似锦，变得光彩夺目；如果说你的命运是那漆黑的夜空，那么因为你的自信，变得繁星闪烁，熠熠发光；如果说你的命运是那贫瘠的土地，那么因为你的自信，变得郁郁葱葱，油油绿绿。史蒂芬·霍金不仅是现代科学界的泰山北斗，也是一个人生的巨人。曾经有一个记者问过他："和普通人比起来，你有没有对自己的躯体感到不幸？""不，不，不！你也许忘记了一点，我拥有比大多数人都强的脑子。"他的成功来源于对人生无比的自信和坚韧不拔的意志，世界的掌声为他响起来。

心灵箴言

深窥自己的心，而后发觉一切的奇迹在你自己。

——[英] 培根

坚决的信心，能使平凡的人们，做出惊人的事业。

——[新西兰] 马尔顿

有信心的人，可以化渺小为伟大，化平庸为神奇。

——[爱尔兰] 萧伯纳

摆脱自卑的纠缠，“我”的能力并不差

故事话题

著名民营企业家罗忠福在少年时代曾为自己出身于资本家的家庭而自卑过。

罗忠福从中学时代起，就开始遭受被歧视、被批判的屈辱。读了半年大学，因为家庭成分问题而被当地卡住户口，就这样被迫退学了。

在他 20 岁时，他的父亲又辞别了人世，母亲只好给人看孩子、洗衣服、挑煤，以维持生活。母亲被迫干这些低贱的工作，使敏感的他深深感受到人生的耻辱。

在他 25 岁时，他被分配到一家小工厂当合同工，“师傅”竟以家庭成分讥笑他：“会读书有什么用，还不是给我这个不会读书的人当学徒？”

命运的不公、屈辱和刻薄，使罗忠福内心产生了难以摆脱的自卑。一次，他在长江边徘徊，一待就是一天。当时，他真想往长江中一跳，以死来解脱这折磨人的“自卑”与屈辱。

正是这个自卑得想死的年轻人，发愤寻找人生的新道路。40 岁时他才从头开始，学习经商，不怕失败与挫折，顽强奋斗了十多年，终于成为亿万富翁，成为世界知名的中国民营企业家。

故事解析

无论在生活还是工作中，都会有很多自卑的人。自卑的人在无心无力做一件有挑战性的事情时，常用的借口是：“唉，我的能力太差!”这种人无法摆脱自卑的“纠缠”，也根本无法实现自己的理想。想成为做大事的人，首先要做的第一件事情就是拒绝与自卑纠缠，一脚把自卑踩得粉碎。我们可以称之为“战胜自卑法”。做不到这一点，即使你是一个天生能力很强的人，最终也会终身平庸。

有句话说：“天下无人不自卑。无论圣人贤士，富豪王者，抑或贫农寒士，贩夫走卒，在孩提时代的潜意识里，都是充满自卑感的。”但你若想成大事，就必须战胜自卑感，将自卑变为发愤的动力。

其实，自卑本身并没有坏处。对我们有伤害的是我们感到自卑时采取的错误的方式。在生活或工作中，我们感到困难时，不一定每次都能采取正确的方法。但我们要积极地去面对，去解决。慢慢地，就养成一种主动解决问题的习惯。虽然我们不能解决所有的问题，但是解决的问题会越来越多，信心也就会越来越足。自卑就成了一对翅膀，一对能使我们飞向美好未来的翅膀。

故事穿越

法国伟大的启蒙思想家、文学家卢梭，曾为自己出身孤儿，从小流落街头而自卑；存在主义大师、作家萨特，2岁丧父，左眼斜视，右眼失明，失去亲情使他产生了极大的自卑；法国第一帝国皇帝、政治家、军事家拿破仑年轻时曾为自己的矮小和家庭的贫困而自卑；美国英雄总统林肯出身农庄，9岁丧母，只受过一年学校教育就下田劳动，他曾深深为自己的身世而自卑；日本著名企业家松下幸之助，4岁家败，9岁辍学谋生，11岁亡父。自卑一直是他们前进的动力，正是因为他们将自卑变为发愤的动力，他们才有了最后的成功。

故事微语

人的一生中，难免会遭受挫折和打击，但每个人的承受能力不一样。性格外向的人过后即忘，性格内向的人容易陷入其中。这时就应当注意凡事不要期望过高，要善于自我满足，知足常乐。无论学习或工作，目标不要定得太高太死，不然就容易受挫折。

只要改变心态，将自卑变为发愤的动力，就能走向成功。战胜自卑的心态，其实就是战胜一种丧失信心的自我。丧失信心通常可分为两种情形：一种是前面所说暂时的丧失信心，另一种则是从小养成的根深蒂固的自卑感。自卑感并非无法克服，就怕你不去克服。纵观世上，许多成功者

都是在克服了自卑后走向成功的。成功者能做到，我们也能做到。

每个人或多或少都会有些自卑。轻微的自卑心理很容易超越，它可以很容易地升华为人的一种良好品格：谦虚谨慎，不骄不躁，从而转化为一种进取的动力。世界上许多成功人物之所以能做成大事，走的就是这条路。

心灵箴言

能量加毅力可以征服一切。

——[美] 富兰克林

只有强者才懂得斗争；弱者甚至失败都不够资格，而是生来就是被征服的。

——[俄] 斯威特切尼

命运给予我们的不是失望之酒，而是机会之杯。因此，让我们毫无畏惧，满心愉悦地把握命运。

——[美] 尼克松

找到不足，正视它，善待它

故事话题

曾担任过参议员助理的贝内特在申请参议院预算委员会主管一职时，在申请信中坦率地承认自己既没有经济学方面的学位，也没有预算事务方面的任何经验。

他解释道：“预算委员会面临的最大挑战，并非雇佣到一批经济学家和数字专家，而是需要一个能在参议院内部寻求和培养支持者的主管，我正好是恰当的人选。”

结果他如愿以偿地得到这份工作并表现出色。

几年之后，美国公用无线电台经过千挑万选，聘请他出任总裁。面对记者提问时，他承认自己在广播或新闻方面都没有什么背景，但电台早就已经拥有大量的专业人才，他本人则是一个精通预算管理并能够在国会很好地发挥作用从而争取到足够财政资助的合适人选，所以他最适合做总裁。

故事解析

谁也不可能做到十项全能，与人类现有的博大知识、经验、能力的汇集总和相比，任何伟大的天才都不及格。

一个经营者如果只能见人之所短处而不能见人之所长，从而刻意挑其短而不着眼于其长，这样的经营者本身就是弱者。

有些人，搞不清楚为什么要放弃完美，尽管追求完美而达不到理想的目标，但总可以促使自己有所改进和提高吧。我们要有所改进和提高，必须通过一个重要的环节，就是学会自我接受，自我肯定。因此，我们只有敢于直面自己的缺点，才能树立信心和自爱的意识，才能真正地认识和确立自己的价值、选择和追求。

敢于正视自己的缺点并不是一件容易的事情。一来我们总是喜欢得到别人的肯定和赞许，二来常常不自觉地会觉得“掩盖”自己的缺点可以有助于提升自己的形象和力量。

其实，只有当自己可以直面自己的缺点时，才可以更好地发现自己离那个“理想自己”的距离有多远，才可以更好地发挥自己的优势。

故事穿越

20 世纪 40 年代，一个 10 岁的男孩儿胆怯地走进意大利北部小城莫迪纳一家为贵族子弟开办的音乐学校。这个男孩儿刚出生时就能发出独特、明亮的嗓音，当时医生认为他长大后会成为一个出色的男高音。童年时代，小男孩儿一直生活在要成为歌唱家的期望中。但是他出身卑微，一个靠卖面包为生的家庭是不可能让子女接受良好的音乐教育的。好在这所学校的校长看中了男孩儿的天赋，破格让他在这里学习，作为回报，男孩儿每天最早到学校为学生们烧上开水，下午处理完全校的卫生后才能最后一个离开。

男孩儿非常珍惜难得的学习机会，他比谁都刻苦。一次年末，全班同学中只有那个男孩儿通过了校长近似苛刻的考试。校长严厉地指责其他学生身处良好的环境，竟然得过且过，浪费光阴，只有那个男孩儿是班里最优秀的。“校长，你有没有弄错，他可是卖面包的孩子啊！”教室里的学生们发出一片嘲笑声，这个男孩儿脸被羞得通红，低下头一言不发。“孩子，把正视卑微当成你人生的第一堂课。卑微并不可怕，不思进取才是最不能容忍的。我相信你将来也是最优秀的。”

这个男孩儿果然没有让他的校长失望，经过 7 年的不懈学习，男孩儿终于第一次登台演出。又用了 7 年，进入大都会歌剧院。第 3 年结束时，终于成为歌唱家。他就是当代最著名的男高音家帕瓦罗蒂。1963 年他在英国伦敦出演的歌剧《波希米亚人》，获得巨大成功，1990 年夏天在意大利举办足球世界杯赛期间，三大男高音帕瓦罗蒂、多明戈、卡雷拉斯一起登台演出，从此帕瓦罗蒂作为世界第一男高音而被世人认可。

故事微语

不要一味地掩饰自己的缺点和不足，要知道“金无足赤，人无完人”的道理。人生在世，谁没有缺点、瑕疵呢？有了缺点并不可怕，重要的是对待缺点的态度，是自欺欺人地视而不见，加以掩盖，还是勇于面对，加以改正？“人非圣贤，孰能无过，知错能改，善莫大焉。”人应该敢于直面自己的缺点。

敢于直面自己的缺点是成功者必备的素质。知己知彼，百战不殆。一个人要想取得成功，必须首先了解自己，不仅要了解自己的优点，而且要了解自己的缺点。从某种意义上说，了解自己的缺点比了解自己的优点更为重要。

成功者善于发现自己的缺点并加以改正，使之不为自己拖后腿，甚至使缺点变为优点，为自己的最终获胜增添砝码，这正是成功者异于他人的一个重要原因。

适当地将自己的缺点表现出来，使得自己不断进行修正和调整。不足的可以弥补，错误的可以纠正，残缺的可以完善，无法改变的可以作为自己的瑕疵，客观地去面对。人生只有改变可以改变的，接受无法改变的，记住值得铭记的，忘记该忘记的，才能够拥有豁达、明朗的心情。

调整好心态，勇于直面自己的不足。真的勇士敢于直面自己的缺点与瑕疵，真的智者乐于解决自己的缺点与瑕疵，而真的成功者善于发现自己的缺点与瑕疵。让我们都来做勇士、智者与成功者吧！

心灵箴言

掩饰一个缺点，结果会暴露另一个缺点。

——[古希腊] 伊索

忘了自己的缺点，就产生骄傲自满情绪。

——[古希腊] 德谟克利特

畏惧错误就是毁灭进步，遮掩错误就是躲避真理。

——周恩来

优点
缺点

发现弱点，面对它，利用它

故事话题

有一个叫格兰恩的人，小时候因为家里失火烧伤了腿，结果再也不能行走。不过，他后来却创造了一个奇迹，成为奥运会历史上长跑最快的选手之一。

人们对他的事迹感到不可思议，认为这简直是不可能的。格兰恩说："一个运动员的成功，85%靠的是信心及积极的思想，换句话说，你要坚信自己一定能达到目标，你必须在三个层次上去努力，包括生理、心理及精神，其中精神层次最能帮助你，我不相信天下有办不到的事。"

故事解析

积极的心态能够推动人们产生更大的力量，而消极的心态只会打击你的勇气，让你不战而败。如果格兰恩的心态是消极的，他可能只会觉得沮丧与绝望，因为一个腿脚不便的残疾人已经习惯于这样的想法。事实上，他没有这样做，他相信自己能创造奇迹，并终将自己的弱点转化为了优点，做到了双腿健全的人也很难做到的事。

的确，只要坚信自己就能达到目标。拥有积极的心态，就能使一个人将自己的弱点积极地转化为最强的部分。这种转化的过程有时就像焊接金属一样，如果有一片金属破裂，经过焊接后，它反而比原来的金属更坚固，这是高度的热力使金属的分子结构更为严密的缘故。将弱点转化为优点的方法是：在你认为最弱的地方，采取最强的步骤，打有准备之仗，做到有的放矢。你认为最弱的地方，很可能是别人最强项的地方，所以请永远记住：一个人想在某方面取得成功，来得最快的办法就是找这方面的成功人士做你的教练，或找这个成功人士的自传来学习。

可以说，缺点与我们每天如影随形，从不分离，关键在于我们应怎样利用它。你要明确地告诉自己，这些缺点不会成为你的绊脚石，你完全可以战胜它们，将弱点转化为优点。

故事穿越

孙惠珊是个气喘病患者，气候的变化与空气中的浮尘微粒，几十年来一直是她的大敌，她经常因为不舒服而影响到自己的情绪。

孙惠珊认为这样下去也不是个办法，为了过滤脏空气以改善自己的气喘病，她开始动脑筋想方法，最后，她想到捞金鱼的网子，灵机一动，就发明了防过敏鼻环。

为了让使用者用得舒服，孙惠珊还根据鼻孔的大小设计了不同尺寸，并在鼻环上加了个装饰的假宝石，乍看之下，和穿鼻环的青少年一样酷，不用的时候，还可以夹在耳朵上当耳环。

无独有偶，就读美国柏克莱大学加州分校的华裔男孩儿孔庆祥，唱起歌来总是走调，跳起舞来还会顺拐，参加美国新人选秀大赛“美国偶像”时，表演到一半就被评审轰下台。他的表演却意外地获得民众青睐，成为美国人的新偶像，不仅唱片公司找他出唱片，还应美国偶像的邀请，演出了一场15分钟的个人秀。

故事微语

美国一位管理学家曾说：“倘要所有的人没有短处，其结果最多是一个平庸的组织。所谓‘样样都是’，必然‘一无是处’，所以不要过多地羡慕那些名人。才干越高，缺点也越明显，有高峰必有深谷。”

任何人都不可能是完美的，因为任何人的个人成就与人类博大的知识、经验相比是九牛一毛。既然如此，就不要刻意地要求自己太多，要学会自我肯定，自我接受。要做到这一点，把自己的弱点转化为优点才是最重要的。

无论是谁，只要愿意控制自己的弱点，愿意接受积极的心态，就能把最弱点转为最强点。信仰可以大大改变人的生活，新的思想可以把旧的思想排除出去，只要有意识地去改变自己就能真正达到目的，“心的变化”实际上是指意识的变化。

克服弱点的第一步是学习接受自己，大部分有自卑感的人总是把注意的焦点放在自我身上，也就是将目光放在弱点上，对不重要的也以自我为中心来考虑，以为每个人都在注意这些事，其实并非是这样的。

另一种普遍的缺点就是气馁。介于成功与失败之间的是气馁，如果你能坚持一下，多努力一下，可能就是另一番景象了，但是气馁会使你在快要达到目标时放弃。

要想改变世界，就得先改变自己。改变自己的最好方法就是拥有积极的心态。它能使你转败为胜，将弱点转化为力量。记住：一个人一辈子不可能都失败，也没有一个人一辈子都成功，所以正确对待自己的弱点，将弱点变成优点，下一个成功的人一定是你。

心灵箴言

生活是不公平的，你要去适应它。

——[美] 比尔·盖茨

畏惧错误就是毁灭进步！遮掩错误就是躲避真理。

——周恩来

既然太阳上也有黑点，“人世间的事情”就更不可能没有缺陷。

——[俄] 车尔尼雪夫斯基

第五篇

相信自己，不让天才的火花一闪即逝

每个人都有特长，都有擅长和不擅长的事情，很多人却认为：只有那些拥有高学历的人，才有特长。其实这是错误的，事实上，只要是人，都有特长，都有上天赋予我们的强于他人的能力，只是有的人及时发现和发挥了自己的特长，有的人把这种资源白白地浪费掉了。每个人都有着与众不同的禀赋，要善于发现自己，扬己之所长，避己之所短。好不容易发现了自己的天才火花，决不可让它一闪即逝，要让它发扬光大。你需要做的其实很简单，那就是“相信自己”。

成功，是因为一个人志在成功

故事话题

期末考试时，生物学教授在发试卷前对他的 20 位高年级学生说：“我很高兴这学期教你们，我知道你们学习都很努力，而且你们中有很多人暑假后将进入医学院。因此，我提议，任何一位愿意退出今天考试的同学都将得到一个“B”。”

学生们欣喜万分，很多学生站起来，走到教授面前，感谢他并签上了自己的名字。

又一位学生走出教室后，教授看了看剩余的少数学生问：“还有誰?“这是最后的机会了。”又有一个学生站起来，签上名字走了。

教授关上教室的门，看着剩余的几个学生说：“我对你们的自信感到非常高兴，你们都将得到“A”。”

故事解析

在生活工作中，人们有时会因为缺乏自信而失云更好的机会，一定要用你的智慧去把握。拿破仑曾经说过：“我成功，是因为我志在成功。”一个人如果缺乏自信，失去了毅然的决心与信心，当然成功也就与他无缘。

信心对于立志成功者有重要意义。有人说：成功的欲望是创造和拥有财富的源泉。人一旦拥有了这一欲望并经由自我暗示和潜意识的激发，才形成一种信心，然后这种信心会转化为一种“积极的感情”。它能够激发潜意识释放出无穷的热情、精力和智慧，进而帮助其获得巨大的财富与事业上的成功。

自信心是一个人相信愿望或预想一定能够实现的一种心理状态。自信心是成功的力量和源泉。居里夫人有句名言：“我们应该有恒心，尤其要有自信心。”古往今来，凡在事业上取得成就的人，无一不是以坚强的自信心为先导的。古希腊著名学者阿基米德宣称：“给我一个支点，我将撬动地球。”这是何等气魄的自信心，正是这种令人惊叹的信心，燃起他无比的智慧。君不见，如果没有“长风破浪会有时，直挂云帆济沧海”，“天生我材必有用，千金散尽还复来”的信心，哪有一代“诗仙”李白？如果没有“会挽雕弓如满月，西北望，射天狼”的信心，哪能造就一代豪放大家苏轼？如果没有“自信人生二百年，会当击水三千里”和“数风流人物，还看今朝”的信心，哪能造就万水千山，披荆斩棘，铸造了共和国的辉煌，带来了亿万人民幸福的毛泽东？

人的自信心不是天生的，也不可能凭空产生。自信心必须建立在一定的实力与本领的基础上。只有实力充足、本领高强的人，才会有充分的自信心。因此，一个人要想培养自信心，就应当不断地提高自己的实力与本领。作为学生，首要的是提高自己的学习能力，促进多方面能力的发展。

故事穿越

在美国哥伦比亚大学举行的一次物理博士资格考试中，我国留学生陈成钧获得第一名。他的考分超过第二名20分，打破了这所大学物理系历届博士资格考试的纪录。学院破例免除他全部硕士学位课程，跳一级直接获取博士学位。陈成钧这一出色的成绩便是以自信心为动力而赢得的。

1957年，刚满20岁的他，正在北京大学物理系读三年级，被一场灾难性的风暴卷了进去，从此，他就走上一条坎坷不平的道路。

陈成钧想，古今中外许多有作为的人并不都是在顺境中成长的。生活的无情虽然给他心灵上造成了创伤，但是也激起了他不甘沉沦的信心。他抓紧空闲时间，继续攻读物理学。正如《颂人生》中他的诗文所言：“人生的道路和归宿，不是享乐也不是忧愁。努力啊，为了一个明天，每个明天都比今天要胜一筹。让我们奋发有为吧，悲欢离合不动心，进取吧，探索吧，做一个勤劳耐心的人！”

故事微语

具有自信心的人，总是在审慎、权衡主客和客观条件的基础上，提出经过一定努力即可实现的目标。这个目标切实可行，既不过高，也不过低；这个目标明确具体，既不抽象笼统，也不琐碎杂乱。只有明确具体、切实可行的目标，才有助于自信心的巩固与提高。

具有自信心的人总是乐观主义者。他们在生活、学习中，无论处于怎样的艰难困苦中，他们都会体验到一定的快乐，看到光明的前途。正是这种乐观的情绪，使他们的自信心得到发展与巩固。

自信心强的人，一般总是有坚强的毅力与充沛的精力。精力似一股取之不尽的清泉，它给人们提供用之不竭的动力；毅力则是一把神奇的刻刀，专门雕刻强者的形象。

具有充足自信的人，养成了谦逊的品质。他们虚心好学，不耻下问，而决不会在成绩面前忘乎所以，傲视他人；他们也必然朝气蓬勃，信心十足，决不小看自己，也不轻视他人。

一个充满自信的人，他怀有崇高而远大的理想，决不会满足于已有的成绩，一个鼠目寸光的人是不会有什么自信可言的。远大的理想是自信心的催化剂，自信心则是远大理想的胶着物。二者的结合，就一定能使人从一个目标走向另一个目标，满怀信心地去追求更大的成功。

心灵箴言

坚信自己的思想，相信自己心里认准的东西也一定适合于他人，这就是天才。

——[美] 爱默生

任何人都应该有自尊心、自信心、独立性，不然就是奴才。但自尊不是轻人，自信不是自满，独立不是弧立。

——徐特立

谁中途动摇信心，谁就是意志薄弱者；谁下定决心后，却缺少灵活性，谁就是傻瓜。

——[美] 诺尔斯

鸟因羽毛而美丽，人因特长而被关注

故事话题

法国有一个穷困潦倒的年轻人，流浪到巴黎，找到父亲的好友，期望他能为自己找一个谋生的差事。父亲的好友问他有什么专长，比如说会数学、物理、历史等，年轻人窘迫地低下头，羞愧地说自己似乎一无所长。父亲的好友想了想说：“那你先写下你的住址，我总得给你找个活儿做啊。”年轻人不好意思地把自己的住址写下，刚想转身离去，却被父亲的朋友一把拉住说：“年轻人，你怎么说你没有特长呢，你的名字写得多好啊……”“能写好自己的名字也叫特长？”年轻人不解地转过身疑惑地看着父亲的好友。“当然，字反映了一个人的文化修养、一个人的内涵……”人要有自信心，找工作之前，首先要找到自己的特长，并要把自己的特长发挥到极致。”听了父亲好友的一席话，年轻人使劲儿地点点头，后来他结合自己的特长找了一所中学讲授法文，度过了一段艰苦的岁月。也就是从那时开始，这位年轻人认识到自己在文学方面的天赋和特长，并开始发挥这个特长。他就是后来写出享誉世界的经典文学巨著《三个火枪手》的法国18世纪著名作家大仲马。

故事解析

每个人都有特长，都有擅长和不擅长的事情，很多人却认为：只有那些拥有高学历的人，才有特长。其实这是错误的，事实上，只要是人，都有特长，都有上天赋予我们的强于他人的能力，只是有的人及时发现和发挥了自己的特长，而有的人把这种资源白白地浪费掉了。

生活中有很多人终其一生，都不知道自己有何特长，当然更谈不上发挥和利用其特长了。其实，每个平淡无奇的生命中，都蕴藏着一座丰富的金矿，只要你肯挖掘，你就会挖出令自己都惊讶不已的宝藏来。因此，我们要了解自己的特长和天赋，培育它进而发展别的长处。如果所有的人都知道自己究竟擅长做什么事，那么都能在某个方面取得成就。

一个人或许没有健全的身体，但可以拥有健全的人格和心灵。“鸟美在羽毛，人美在心灵”，诚实、正直和仁慈，这些品质是每个人品格应具备的重要方面。在生活中不仅要经常照照镜子，看看自己的仪表和容颜，而且要经常扪心自问：你做到了公正、守信、诚实、正直、仁慈和无私了吗？如果答案是肯定的，说明你已经具备了健全的人格，如果还有欠缺，那就虚心改正、扬长避短，朝着健康的品质目标迈进。每个人都不可能对自己了解得十分清楚，但是起码得知道自己的优势，发挥自己的长处，弥补自己的不足，这样才能实现自己的理想。

故事穿越

一个替人割草打工的男孩儿打电话给一个富人太太说：“您需不需要割草？”这个富人太太答道：“不需要了，我已请了割草工。”男孩儿又说：“我会帮您拔掉花丛中的杂草。”这个富太太回答：“我的割草工也做了。”男孩儿又说：“我会帮您把草与走道的四周割齐。”这个富太太说：“我请的那人也已做了，谢谢你，我不需要新的割草工人。”男孩儿便挂了电话。此时男孩儿的室友问他：“你不是就在这个富太太那儿割草打工吗？为什么还要打这电话？”男孩儿说：“我只是想知道我做得有多好！”

故事微语

只有不断地了解别人的评价，你才有可能知道自己的长处与短处。不要萧规曹随，凡事想想事出何因，多问几个为什么。

毕淑敏在她的文章《泥沙俱下地生活》中说过这么一段话：“人们通常把爱好当作才能，一般来说两者相符的概率很高，但并不是像克隆羊那样惟妙惟肖。爱好这个东西，有时很迷惑人，一门心思凭它引路也害人不浅。有时你爱好的恰是你所不具备特长的东西，就像病人热爱健康、矮个儿渴望长高一样。因为不具备，所以就更爱得痴迷，九死不悔。”可见，一个人了解自己的特长所在是一件很重要的事情，重要到可以影响自己的生命质量。

大千世界，茫茫人海，每个人都是独一无二的，都有自己的独到之处，都有自己的潜能需要开发。因此，品格健全的人，往往会找到自身的本能，找到属于自己的潜能，用一生的精力去开发，直至实现卓越的成就。

心灵箴言

梅须逊雪三分白，雪却输梅一段香。

——卢梅坡

夫尺有所短，寸有所长，物有所不足，智有所不明，数有所不逮，神有所不通。

——《楚辞·卜居》

一个人的特色就是他存在的价值，不要勉强自己去学别人，而要发挥自己的特长。这样不但自己觉得快乐，对社会人群也更容易有真正的贡献。

——[法] 罗曼·罗兰

认可自己，唤醒尚在沉睡的潜能

故事话题

苏格拉底在风烛残年之际，知道自己时日不多了，就想考验和点化一下他的那位平时看来很不错的助手。

他把助手叫到床前说："我的蜡所剩不多了，得找另一根蜡接着点下去，你明白我的意思吗？"

"明白。"那位助手赶忙说，"您的思想光辉需要很好地传承下去。"

"可是……"苏格拉底慢悠悠地说，"我需要一位最优秀的传承者，他不但要有很高的智慧，还必须有充分的自信心和非凡的勇气……这样的人选直到目前我还未见到，你帮我寻找和发掘一位，好吗？"

"好的，好的。"助手很温顺、很郑重地说，"我一定竭尽全力地去寻找，以不辜负您的栽培和信任。"

苏格拉底笑了笑，没再说什么。此后，那个忠诚而勤奋的助手，就不辞辛劳地通过各种渠道开始四处寻找"最优秀的继承者"了。可他领来了一个又一个，结果都被苏格拉底一一婉言谢绝。

苏格拉底眼看就要告别人世了，最优秀的人选还是没有找到。助手非常惭愧，泪流满面地坐在苏格拉底病床边，语气沉重地说："我真不对起您，令您失望了！"

"失望的是我，对不起的却是你自己。"苏格拉底说到这里，很失望地闭上眼睛。停顿了许久，才又不无哀怨地说，"本来，最优秀的就是你自己，只是你不敢相信自己，才把自己给忽略、耽误、丢失了……其实，每个人都是最优秀的，差别就在于如何认识自己，如何发掘和重用自己……"话没说完，一代哲人就永远离开了这个世界。

故事解析

“最优秀的人就是你自己”，这不仅是苏格拉底留给那个助手的至理名言，也是苏格拉底留给整个人类的一笔财富。

“最优秀的就是你自己，只是你不敢相信自己”，我们每个人都是最优秀的，我们缺少的只是这份自信，有了这份自信，你就会成为最优秀的。

曾看过这样一则小故事：有一个推销员，他的业绩总是公司最差的，因此他整天没有一点儿精神，业绩越来越差。后来一个推销大师给他开了一剂良方：你每天出门之前对自己说三遍“我是最优秀的推销员”。后来这个推销员照着去做了，果然他的业绩越来越好，最后居然成为全公司的推销冠军。别人感觉不可思议，在公司的一次大会上问他原因，他红着脸说：“因为我是最优秀的推销员。”简单的一句话可以改变一个人，拥有了自信，你就会释放出自己身上的潜能。

苏格拉底说：“每个人身上都有太阳，关键是如何让这太阳发光。”我们要发现身上的太阳，我们要重视自己。

记住“最优秀的人就是你自己”，我们要常对自己说：我就是最优秀的！

故事穿越

有一只小鹰，从小就是跟鸡群长大的。主人把它放到鸡群里，从小一起把它养大了，它一直就认为自己是一只鸡，所以主人真正要放这只鹰的时候，怎么打，怎么骂，怎么给它吃的、诱惑它，都不行，它就认为自己是鸡，飞不起来，最后这个主人太失望了，说白养了一只雏鹰，一点儿用处都没有了，把它扔了吧。把这只鹰带到了悬崖边，像一只鸡崽儿一样一撒手，小鹰垂直地向悬崖底下掉下去。

就在坠落的过程中，这只鹰扑棱扑棱翅膀，在没有坠地的时候，突然飞起来了，这是为什么呢？是因为就在悬崖坠落的落差中，它的天性被恢复了，因为它知道它的翅膀是有用的。而过去主人养育它的过程中，一直把它和鸡群喂在一起，没有用过它的翅膀。其实有很多人在成长的过程中，一定有某种潜能从来没有被开发出来。

故事微语

波兰作家显克微支说：“人生是最伟大的宝藏，我晓得从这个宝藏里选取最珍贵的珠宝。”成功只属于那些相信自己能力的人，属于那些善于正确开发自身潜能的人。

许多事实表明：人的大脑具有极强的潜在能力。许多所谓的“特异功能”，并没有什么奥秘，只不过是人的潜在能力的有效开发而已。科学家发现：人类远远未能充分运用大脑的功能。虽然人类脑细胞多达 140 亿个，但是普通人却只用到了其中 5%~10%而已，绝大多数脑细胞都处于“待业”状态。即使像爱因斯坦那样伟大的科学家，利用的脑细胞也没有超过 18%。可见，每个人都有巨大的潜力有待挖掘。

追求成功，最为关键的就是挖掘自己身上的潜能，从开发自身的潜能延展开来，走出一条真正属于自己的成功之路。

相信自己，你能做到的比你想象得更多。人们无法发现自己的潜能是因为人们都有惰性。如果有依赖，如果可以不动脑筋，那么就没有人刻意地发挥出自己的潜能。

心灵箴言

心有多大，舞台就有多大。

——民间谚语

人的价值是由自己决定的。

——[法] 卢梭

你自身中潜在的统治意识上任何事都有可能实现。你能完成任何自己认为可以做到的事情。这种才能是上帝赋予的，它可以帮你解决任何问题，也可以使你变得无比乐观。它是通往幸福安宁的大门，只要不断期盼美好的事情就能让这扇大门永远敞开。你有权力权利去追求任何好东西，所以请放心去追求吧。

——佚名

行动起来，不给拖延留下借口

故事话题

有一对兄弟，他们的家住在 80 层楼上。有一天他们外出旅行回家，发现大楼停电了。虽然他们背着大包行李，但看来没有什么别的选择，于是哥哥对弟弟说："我们就爬楼梯上去!"于是，他们背着两大包行李开始爬楼梯。爬到 20 楼的时候他们开始累了，哥哥说："包太重了，不如这样吧，我们把包放在这里，等来电后坐电梯来拿。"于是，他们把行李放在了 20 楼，轻松多了，继续向上爬。他有说有笑地往上爬，但是好景不长，到了 40 楼，两人实在累了。想到还只爬了一半，两人开始互相埋怨，指责对方不注意大楼的停电公告，才会落得如此下场。他们边吵边爬，就这样一路爬到了 60 楼。到了 60 楼，他们累得连吵架的力气也没有了。弟弟对哥哥说，"我们不要吵了，爬完它吧。"于是他们默默地继续爬楼，终于 80 楼到了！兴奋地来到家门口兄弟俩才发现他们的钥匙留在 20 楼的包里了。

故事解析

这个故事其实反映了我们的人生：20 岁之前，我们活在家人、老师的期望之下，背负着很多的压力、包袱，自己也不够成熟、能力不足，因此步履难免不稳。20 岁之后，离开了众人的压力，卸下了包袱，开始全力以赴地追求自己的梦想，就这样愉快地过了 20 年。可是到了 40 岁，发现青春已逝，不免产生许多遗憾和追悔，于是开始遗憾这个，惋惜那个，抱怨这个，记恨那个，就这样在抱怨中度过了20年。到了60岁，发现人生已所剩不多，于是告诉自己不要再抱怨了，就珍惜剩下的日子吧。于是默默地走完了自己的余年。到了生命的尽头，才想起自己好像有什么事情没有完成，原来，我们所有的梦想都留在了20岁的青春岁月。因此我们要珍惜每一分每一秒，不要虚度此生。人因梦想而伟大，机会永远属于那些有准备并立即行动的人。

故事穿越

故事一：一次，爱迪生去参加友人的婚礼，当听到婚礼进行曲的时候，他突然来了灵感，然后马上回去，冲进实验室，46天之后，他发明了电灯——因为想到就做，他那一闪念的灵感，从此照亮了人类的漫漫长夜。

故事二：四川有两个和尚，一贫一富。一天，穷和尚对富和尚说："我想去一趟南海。"富和尚说："那可不是一天两天能走到的，你准备怎么去呢？"穷和尚指了指自己平时用来化缘的一瓶一钵，说："一瓶一钵足矣！"富和尚说："这几年我一直就想买条船去南海，至今也未能去成。你靠一瓶一钵就想去，不是开玩笑吧？"一年后，两人又见面了，穷和尚对富和尚说："我刚从南海回来不久。"富和尚听了，不禁面露愧色。

故事三：拿破仑曾经指出："在阿科纳，我以25名骑兵赢得了胜利。我抓住了敌军丧失斗志的时机，给这些骑兵每人一支喇叭，让他们使劲儿吹。两军对垒犹如二人对阵，彼此都企图从气势上压倒对方。敌军出现了一时的恐慌，我抓住了有利时机冲了过去。"另有一次，他指出："机不可失，失不再来。否则，贻误了战机，就会一失足而成千古恨。"他宣称，他之所以能打败奥地利人，是因为奥地利人从不懂得时间的价值。在他们还在磨磨蹭蹭的时候，他以迅雷不及掩耳之势征服了他们。

故事微语

他们的成功在哪里？在于不失时机地立即行动力。

不要等到万事俱备后才去做，任何事情永远没有绝对完美的时候。

创意本身不能带来成功，只有付诸实施的创意才能带来成功。

每天持续地努力，不要间断。就如人走路，不怕慢，只怕站。只要持之以恒，每天努力一点儿，定会水滴石穿。

行动本身会增强信心，不行动只会带来恐惧。克服恐惧最好的办法就是立即行动，果断地决策和敏捷地行动，显出我们的信心，创造我们的成功。

伟大的思想家、理论家恩格斯说“一打纲领，不如一个实际的行动”，在教室里从来都不可能培养出企业家、精英。要想将梦想变成现实，唯一的办法就是去实践。著名的保险精英林裕盛就说过，“宁可白干，不可不干”。笔者通过马克思主义哲学的教学，从辩证法的角度也对年轻的同志反复说：“你们这个年纪，干什么都是对的！干对了是对的，干错了也是对的！只有不干才是最大最大的错！”

梦想永远都不会自动变成现实，唯一的途径就是实践，就是立即去行动、去干，而且不能有任何的犹豫和拖延。

心灵箴言

千万不要把今天能做的事留到明天。

——[美] 本杰明·富兰克林

永远不要把你今天可以做的事留到明天做。拖延是偷光阴的贼，抓住它吧！

——[英] 狄更斯

在这个世界上，最重要的人就是眼下需要你帮助的人，最重要的事就是马上去做，最重要的时刻就是当下，一点儿不能拖延。

——于丹

我活在人间只有一次，所以只要能为任何人做好事或能表示仁爱之心，我会即刻去做。我既不会拖延，更不会忽略，因为我知道生命对我只有一次。

——[瑞士] 格雷利希

自嘲，另一个角度展现自信

故事话题

1990年春节联欢晚会上，光头凌峰的一番自我表白，让人至今印象深刻。

他一出来，便面对十几亿中国电视观众自豪地说：“你们看，我的脸是不是很‘中国’?”一句话便把观众逗笑了。

他接着说：“有人说，我们中华民族五千年的沧桑，好像都写在我这张脸上了!”自嘲中充满的是信心，透着豪迈，透着智慧。

话锋一转，又说：“实话告诉大家，我到全国各地去，男士们对我都特别欢迎，见了我都兴高采烈；但女士们却觉得忍无可忍，难以接受。其实，我要告诉大家的是，根据科学家的研究，丑的人分两种，一种越看越丑，越看越难看；但还有一种，越看越耐看，越看越舒服。而我呢？就属于这后一种。”自嘲中充满的是信心，透着风趣，透着幽默。

故事解析

福斯第说：“笑的金科玉律是，不论你笑别人怎样，先笑你自己。”人有时需要笑自己的信念、遭遇以及失误，笑自己的狼狈处境，通过真实的直视，通过自嘲，为自己的面子解围。2004年雅典奥运会上，约翰逊在跨栏比赛中两次摔倒，眼镜也摔出去老远。他匍匐在地，调侃道：“连眼镜都跑得比我远。”

因长相丑陋而自卑，就会让人越看越丑，越看越难看；因长相丑陋而敢于自嘲，是超越自卑后的一种轻松和信心，这样的人，就会越看越耐看，越看越舒服。

我们都有这样的经验：不光彩的事情，我们愈是掩盖，它就愈是暴露无遗，而且他人正是通过我们小心翼翼的遮掩和保护，不厌其烦地解释，看到了我们的胆怯和穷酸；相反，如果由我们自己主动道破不足，却常常会引起人们的恻隐之心和谅解，他们反倒会替我们打圆场，安慰我们"这个算什么"。

自嘲和真实可以使人即使在穷途末路时也显得坦荡无畏。鲁迅自嘲道："破帽遮颜过闹市，漏船载酒泛中流。"人们并不觉得他的颜面可怜，相反却认定这是一个必定东山再起的落难英雄，他主动点破真实处境的勇气显示着他对困境的控制力。

故事穿越

"鬼才"魏明伦是四川人，个子矮小，人曾戏称他为"袖珍汉子"，但他才高八斗。

他曾当众调侃自己："我确实比拿破仑个子矮，但同鲁迅、曹禺相当。反复衡量自己，虽没力玩儿枪，但有条件摸笔，于是，我就操起了文字。"

北京电视台有个《挑战主持人》的节目。一次，有一个长相实在有点儿寒碜的小伙子与另两歌标致的小伙子一起上场了。恰好是他第一个做自我介绍，他从容自如，侃侃而谈——

"我的眼睛不大，而且有点儿近视，但这丝毫不影响我的睿智与远见；我的耳朵虽小，更提醒了我要细心倾听观众的心声；我的个子袖珍了一些，但有人曾说过：浓缩的都是精华。有人说：'缺点在一定条件下也会成为优点。'这话多少有些夸张，但'缺点在一定条件下会成为持色'则是毋庸置疑的。"

最后，他热情洋溢地说："各位女士们、先生们，我就是今天的一号选手×××！我喜欢写诗，可写不过徐志摩；我喜欢唱歌，可唱不过张学友；我喜欢主持节目，他俩可能都比不过我……"边说边微笑地指了指身旁的另两个选手。

比赛结束，这位一号选手以他的从容自信、机智幽默和丰富的知识，一举夺魁，给观众留下了深刻的印象。

故事微语

美与丑，并不仅仅在于一个人的本来面貌如何，还在于他是如何看待自己的。

一个人如果自惭形秽，他就不会成为一个美人；同样，如果他不觉得自己聪明，他就成不了聪明的人。

他不觉得自己心地善良——即使在心底隐隐地有此种感觉，他也成不了善良的人。一个人只要有信心，那么他就能成为他所希望成为的人。自嘲是一种冒险的自尊，它不是弱小和心胸狭窄的人可以学会的。

一般说，它只属于生活中那些英雄。一个敢于自嘲“破帽遮颜”的人终有一天会拥有新帽子。尼采说，要“嘲笑每一个没有嘲笑过自己的大师”，因为他认为，尚不敢自我嘲笑的大师缺乏英雄本色，还不完美。其实，在人贫苦和落魄时，不妨自嘲一番，与其让别人去说，不如自己先道破。

会自嘲的人，从不自艾自怨。敢于自嘲，也就是敢于正视自身的缺

陷、不足和失败。自嘲者的背后是一种人格力量。美国第十届总统林肯曾自嘲是“很丑陋的人”。有一次林肯的政坛对手说他是个两面人，林肯则回答：“世上所有的人都知道我没有两面，如果有的话，我就不会以现在这副尊容出现在众人面前了。”林肯用取笑自己容貌的自嘲回击政坛对手的中伤，使人觉得他气度豁达，很有人情味儿。从林肯的回答中，我们看到了他的洒脱与自信。试想，一个虽然其貌不扬，但是心灵的美好，才智卓绝的人，是不是比那些金玉其外，败絮其中的人可信和可爱呢？这种自信超越了自卑，升华成向上的人生哲理和乐观的人生态度。

自嘲是一种勇气，一份坦然，一种大度，一份洒脱，将人生的烦恼，像路边的小石块一脚踢开，沉静怡然地走向前方，或许那将又是一个新的境界。

心灵箴言

嘲笑每一个没有嘲笑过自己的大师"，因为他认为，尚不敢自我嘲笑的大师缺乏英雄本色，还不完美

——[德] 尼采

希望世间能有更多的人珍视自己的每一步脚印，勤于记录，乐于重温，敢于自嘲，善于修正，让人生的前前后后能够互相灌溉，互相滋润。

——余秋雨

不如意的时候，除了努力外，人还要学会自嘲。好多人不缺乏努力的心，但缺乏自嘲的能力，不会减压。结果被别人的挤兑、讽刺，弄得崩溃在前行的路上。

——马丁

心灵榜样微史话

文天祥

文天祥，字履善，又字宋瑞，自号文山、浮休道。他是一个永远载入中国历史的爱国将领。他在强敌入侵、国土沦陷、生灵涂炭的危急时刻，自卖家产，组织义军，举兵抗敌。被俘后，他义正词严，慷慨殉国。

文天祥从至元十六年（1279 年）十月抵达大都到至元十九年（1282 年）十二月被杀，一共被囚禁了 38 个月。这段期间，元朝统治者千方百计地对文天祥劝降、逼降、诱降，参与劝降的人物之多、威逼利诱的手段之毒、许诺的条件之优厚、等待的时间之长久，超过了其他的宋臣，甚至连元世祖亲自劝降都未能说服他。因此，文天祥经受的考验之严峻，其意志之坚定，也是历代罕见的，从《正气歌》的惊天地、泣鬼神可以体现文天祥誓死不屈的精神。

钱钟书

钱钟书，江苏无锡人，原名仰先，字哲良，后改名钟书，字默存，号槐聚，曾用笔名中书君。中国现代著名作家、文学研究家。通晓多种外文，包括英语、法语、德语，亦懂拉丁文、意大利文、希腊文、西班牙文等。曾为《毛泽东选集》英文版翻译小组成员。晚年就职于中国社会科学院，任副院长。钱钟书在文学、比较文学、文化批评等领域的成就，推崇者甚至冠以“钱学”。代表作品是《围城》。

很多人不远万里从各地甚至国外慕名来拜访钱钟书，而他却常常闭门谢客，避之不及。有一个英国女士打电话说非常喜欢他写的文章，想到家中拜见作者。他在电话中说：“假如你吃了一个鸡蛋觉得不错，又何必要认识那只下蛋的母鸡呢？”

“文革”后的学术界，对钱钟书的文学称颂日渐声高，然而钱钟书一如即往，平静且安详。他谢绝一切记者和学者的见面，曾有人把他的行为误读为“自命清高”。但深知他的杨绛说：“他从不把自己厕身大师之列，他只是想安安心心，低调地做学问。”

林语堂

林语堂，中国现代著名学者、文学家、语言学家。福建人，出生于福建省漳州市平和县坂仔镇的牧师家庭。原名和乐，后改玉堂，又改语堂。早年留学国外，获美国哈佛大学文学硕士、德国莱比锡大学语言学博士。回国后在北京大学、厦门大学等大学任教，也曾任联合国教科文组织美术与文学主任、国际笔会副会长等职。

1935 年创办《宇宙风》，提倡“以自我为中心，以闲适为格调”的小品文，成为论语派主要人物。1935 年后，在美国用英文写《吾国与吾民》、《风声鹤唳》、《孔子的智慧》、《生活的艺术》，在法国写《京华烟云》等文化著作和长篇小说。1944 年，回国到重庆讲学。1947 年，任联合国教科文组织美术与文学主任。

刘德

刘德，西汉藏书家。汉景帝刘启第二子，刘德在孝景帝前元二年四月（前 155 年）以皇子的身份受封为河间王。

他对古文化宝贵遗产的保存和延续做出了巨大贡献是分不开的。刘德为王 26 年，始终没有卷入诸王争权的政治旋涡，而将其毕生精力投入对中国文化古籍的收集与整理中。

这里需要特别提出的是现今对后世的影响很大的《毛诗》和《左传》，应是刘德之功绩。

他喜好儒学，衣着服饰、言行举止都效仿儒生，山东的众儒生多依附于他。

鲁迅

鲁迅，浙江绍兴人，伟大的无产阶级文学家、思想家、革命家。原名周樟寿，后改名周树人。字豫亭，后改为豫才。毛泽东评价鲁迅是伟大的无产阶级文学家、思想家、革命家、评论家，是中国文化革命的主将、中华的精神。鲁迅是 20 世纪中国的主要作家，是中国现代小说、白话小说和近代文学的奠基人之一，是新文化运动的领导人、左翼文化运动的支持者之一。

鲁迅敢于打破现实的和传统的禁忌，直言不讳地撕破统治者的道具和遮羞布，把血淋淋的现实揭示出来，虽然有时显得很残忍，但是总比让人麻醉而沉沦要好得多。就《狂人日记》而言，狂人从历史的文字中看到的是“吃人”二字。鲁迅从不标榜自己是导师，他带给我们的是思考，这思考是紧紧围绕人性，孔乙己、闰土、祥林嫂等底层人物悲惨的命运无不凝聚着他深刻的同情和关怀。

蔺相如

蔺相如，战国时赵国上卿，今山西柳林孟门人（一说山西古县蔺子坪人，一说河北省保定市曲阳县人，在曲阳县城老街仍有“蔺相如故里”碑刻）。战国时期著名的政治家、外交家。先为赵国宦官头目缪贤的家臣，后来官至上卿。

蔺相如位尊人上，廉颇不服，屡次挑衅，相如仍以国家利益为上，以社稷为重，处处忍让终使廉颇负荆请罪，这就是度量大。一个人度量的大小，根本原因在于他是否志存高远。有远大抱负的人，是不会计较眼前的得失、个人的荣辱的，只有胸怀大志，才能胸襟开阔。

爱迪生

托马斯·阿尔瓦·爱迪生，世界著名的美国发明家、物理学家、企业家，拥有众多知名重要的发明专利超过两千多项，被传媒授予“门洛帕克的奇才”称号。他是人类历史上第一个利用大量生产原则和电气工程研究的实验室来进行从事发明专利而对世界产生重大深远影响的人。

其父亲是荷兰人的后裔，母亲曾当过小学教师，是苏格兰人的后裔。爱迪生 8 岁上学，但仅仅读了三个月的书，就被老师斥为“低能儿”而撵出校门。尽管一生只在学校里读过三个月的书，但通过坚持不懈的努力，发明了电灯、电报、留声机、电影等一千多项成果，成为著名的发明家，为人类的文明和进步做出了巨大的贡献。

郑板桥

郑板桥，清代画家、文学家。名燮，字克柔，江苏兴化人。康熙秀才，雍正举人，乾隆元年进士。一生主要客居扬州，以卖画为生，是“扬州八怪”之一。中进士后曾历官河南范县、山东潍县知县，有惠政。以请赈饥民忤大吏，乞疾归。其诗、书、画均旷世独立，世称“三绝”，擅画兰、竹、石、松、菊等植物，其中画竹已五十余年，成就最为突出。著有《板桥全集》。

他本是个聪明绝顶、通今博古的一代文豪，却写了“吃亏是福”、“难得糊涂”，并煞有介事地再加上个注：“聪明难，糊涂难，由聪明而入糊涂更难。”

一般为官者都会了解，为政得罪巨室，就难有好的下场。而板桥一反积习，独行其是，明知其不可为而为之。最后，不惜扔掉热烘烘的乌纱帽，宁可回到冷飕飕的秋江上去钓鱼，也正因他的率真，才能显得如此洒脱。

林肯

亚伯拉罕·林肯，美国政治家、思想家。第 16 任美国总统，其任总统期间，美国爆发内战，史称南北战争，林肯坚决反对国家分裂。他废除了叛乱各州的奴隶制度，颁布了《宅地法》、《解放黑人奴隶宣言》。

林肯在竞选总统前夕，在参议院演说时遭到一个参议院的羞辱，那个参议员说：“林肯先生，在你开始演讲之前，我希望你记住自己是个鞋匠的儿子。”

“我非常感谢你使我记起了我的父亲，他已经过世了，我一定记住你的忠告，我知道我做总统无法像我父亲做鞋匠那样做得好。”

罗斯福

富兰克林·德拉诺·罗斯福，美国第 32 任总统，美国历史上唯一蝉联四届的总统。美国历史上最伟大的三位总统之一，同华盛顿、林肯齐名。

美国著名记者约翰逊在罗斯福传记中写道：“他推翻的先例比任何人都多，他砸烂的古老结构比任何人都多，他对美国整个面貌的改变比任何人都要迅猛而激烈。然而正是他最深切地相信，美国这座建筑物从整个来说，是相当美好的。”罗斯福是 20 世纪最受爱戴和最令人憎恨的美国总统。他受人爱戴是因为虽然出身贵族，但是他相信平凡人的价值，并且为维护百姓的权利而战，他受人爱戴的另一个原因是，他有着慑人的魅力。他愉快地工作，对未来充满信心。他带领美国走出经济困境，改变了美国人的生活方式。然后为了捍卫民主政体，帮助世界实现了安全。

居里夫人

玛丽·居里，出生于波兰，因当时波兰被占领，转入法国国籍。是法国的物理学家、化学家。

居里夫人是历史上第一个获得两项诺贝尔奖的人，而且是仅有的两个在不同的领域获得诺贝尔奖的人之一。在第一次世界大战时期，居里夫人倡导用放射学救护伤员，推动了放射学在医学领域里的运用。她曾在 1921 年赴美国旅游并为放射学的研究筹款。居里夫人由于过度接触放射性物质，于 1934 年 7 月 4 日在法国上萨瓦省逝世。在 20 世纪 90 年代的通货膨胀中，居里夫人的头像曾出现在波兰和法国的货币和邮票上。化学元素锔$^{96}\mathrm{Cm}$就是为了纪念居里夫妇所命名的。居里夫人著有《我的信念》。

贝多芬

贝多芬全名是路德维希·冯·贝多芬，他是德国作曲家、音乐家，维也纳古典乐派代表人物之一，是“集古典主义之大成，开浪漫主义之先河”的伟大音乐家。他的创作对音乐发展有着深远的影响，由此被尊称为“乐圣”。

贝多芬一生坎坷。因为听力的问题，只能通过谈话册与人交谈。但是孤寂的生活并没有使他沉默和隐退，在一切进步思想都遭禁止的封建复辟年代里，依然坚守“民主、平等、博爱”的政治信念，通过言论和作品，为共和理想而奋臂呐喊，反映了当时资产阶级反封建、争民主的革命热情，写下了不朽名作《第九交响曲》。

蒲松龄

蒲松龄，字留仙，又字剑臣，别号柳泉居士，世称聊斋先生，自称异史氏。现山东省淄博市淄川区洪山镇蒲家庄人。清代著名文学家，中国古代短篇小说之王，短篇小说集《聊斋志异》的作者。他出身于没落地主家庭，连续四次参加举人考试，全部落榜。直到72岁赴青州考贡，为岁贡生。

法国著名作家雨果说过，“想象是伟大的潜水者’。一个作家能写出引人入胜的作品，虽然要有一定的生活基础，但是更要靠他的想象。蒲松龄虽然贫困，郁郁不得志，但是他直面现实，特别善于想象，《聊斋志异》就是一个作家天才的想象才能和艺术才能的集中表现。

心灵修养用语微解

自勉：自己勉励自己。现代肖草《自勉》诗以“累版逗号，实难说好；疑句掉队，山人也笑；当断不断，根在骄傲；下笔成事，一样重要”强调做任何事均不得马虎。

立志：是指立下志愿，确定志向。出自《左传•襄公二十七年》：“志以发言，言以出信，信以立志，参以定之。”

淡泊名利：淡：不重视；泊：古代停船叫泊，就是把追名逐利的追和逐放在一起。淡泊名利，就是“名利于我如浮云”的意思。淡泊并不是力不能及的无奈，也不是心满意足的自赏，更不是碌碌无为的哀叹，淡泊就是超脱世俗的诱惑和困扰，实实在在地对待一切，豁达客观地看待一切的生活。

从容不迫：从容：不慌不忙，很镇静；不迫：不急促。不慌不忙，沉着镇定。

释然：疑虑、嫌隙等消失后心中平静的样子，愉快的样子显现的意蕴。不仅在日常言语中常出现，在古代文言诗句中出现的比例也较高，常被运用于表达其感受。

侥幸：意外获得成功或免除灾害。例句：侥幸心理只会让一个人自食其果。

大度：心胸宽广，大度常和宽容一起使用。宽容大度是一种美德，要求人清心寡欲。“人之心胸，多欲则窄，寡欲则宽。”小肚鸡肠、难容他人者都是自私自利之徒。

执着：原为佛教用语，指对某一事物坚持不放。泛指固执或拘泥，亦指对某种事物追求不舍。

忘记： 忘记是记忆中的一个特殊功能。人类的感觉器官接收到的信息非常多，而忘记使得人只保留重要的、相关的信息，减轻大脑空间压力，有积极意义。

宽容： 即允许别人自由行动或判断；耐心而毫无偏见地容忍与自己的观点或公认的观点不一致的意见。宽大有气量，不计较或不追究。

乐天派： 指遇到什么事都不会烦恼，总是乐观、积极地面对生活，处世抱乐观态度的一类人。

坚定： 立场、主张、意志等稳定、坚强；不动摇。晋刘琨《书》：“胆识坚定，临难无苟免之意。” 明王守仁《传习录》卷中：“脩谨而不失之拘局，久则体貌习熟，德性坚定矣。”毛泽东《被敌人反对是好事而不是坏事》：“抗大的教育方针是：坚定正确的政治方向，艰苦朴素的工作作风，灵活机动的战略战术。”

坦然自若： 态度安详，一如常态。例：这时的小锁柱，尽管手中平端着匣子枪，匣枪张着大机头，可是，他的脸上，却是一派坦然自若的神色。——郭澄清《大刀记》第七章

接受： 对事物容纳而不拒绝。例：“我想你们诸位青年同志一定会接受我的意见。”

放开： 解除某种束缚。《金瓶梅词话》第六二回：“你把心来放开，不要只管多虑了。” 甘铁生《现代化茶馆》第一章：“现代迷信被破除了，人们可以放开手脚大胆干些什么了。”

自卑： 轻视自己，以为自己太差，赶不上别人。唐杜甫《雨》诗：“穷荒益自卑，飘泊欲谁诉。”《新唐书·叛臣传下·王行瑜》：“克用曰：‘尚父何自卑，吾被命讨三贼，公其一也。’” 鲁迅《书信集·致萧军》：“一个作者，‘自卑’固然不好，‘自负’也不好。” 陈毅《赞金字塔》诗：“古人能为此，今人更当不自卑。”

信念： 坚信不疑的想法。巴金关于《家》：“然而单说愤怒和留恋是不够的。我还要提说一样更重要的东西，那就是信念。”冰心《空巢》：“但我还是活下来了，我始终没有失去信念。”杨朔《木棉花》：“‘一切都

会慢慢地好起来！’我的信念是像南国盛开着的木棉花一样的鲜明、美丽。”

弱点：不足之处。陶行知《从五周年看五十周年》：“弱点是最重的担子，肃清弱点才走得动，否则会使我们半途而废。”吴晗《再谈人和鬼》：“人不怕鬼，鬼便怕人。也说明了鬼虽不可怕，但是还必须了解鬼脾气，鬼毛病，抓住鬼的弱点，是一定可以把鬼消灭掉的。”老舍《不说谎的人》：“周文祥是家长，当然得显出权威，不能被妻子看出什么弱点来。”

发挥特长：特别擅长的专门技艺或研究领域专长。

潜能：亦作“潜能”。就是潜在的能量，表意识以内的潜能，每个人的潜能是无限的。

拖延：把时间延长，不迅速办理。例：拖延时日；期限快到，不能再拖延了。

自嘲：指自己嘲笑讽刺自己的一种策略，也就是为人处世的一种方法。

身体力行：出自《淮南子·氾论训》：“圣人以身体之。”《礼记·中庸》：“力行近乎仁。”多用来表示不仅在口头上主张、赞同或接受，而且努力去做。

矢志不渝：语出《晋书·谢安传》：“安虽受朝寄，然东山之志始末不渝。”表示永远不变心。

知足常乐：知足常乐，自知满足则心常快乐。语出《老子》：“祸莫大于不知足，咎莫大于欲得，故知足之足常足矣。”况周颐《蕙风词话》卷二：“委心任运，不失其为我。知足常乐，不愿乎其外。”王西彦《古屋》第一部四：“一个快乐主义者首先得有知足的修养，就是古训所谓‘知足常乐’。”

恬淡寡欲：恬淡：安静闲适，不求名利；寡：少；欲：欲望。心境清静淡泊，没有世俗的欲望。出自曹丕《与吴质书》：“而伟长独怀文抱质，恬然寡欲，有箕山之志，可谓彬彬君子者矣。”指不追名逐利，与恬心寡欲、清心寡欲同。